空调系统 BIM 集成化工程设计方法

梁若冰　张吉礼　马良栋　唐新鑫　编著

中国建筑工业出版社

图书在版编目（CIP）数据

空调系统 BIM 集成化工程设计方法/梁若冰等编著.—北京：
中国建筑工业出版社，2017.7
ISBN 978-7-112-21019-0

Ⅰ.①空…　Ⅱ.①梁…　Ⅲ.①空气调节系统—计算机
辅助设计—应用软件　Ⅳ.①TU831.3

中国版本图书馆 CIP 数据核字（2017）第 182716 号

本书以暖通空调系统 BIM 集成化模块的创建、暖通空调系统集成化设计方法和思想为背景，创新性地提出一种基于 BIM 的集成化设计的方法，通过创建标准的工程结构体实现对于设备及其附件的模块化与集成化设计，进一步实现暖通空调系统 BIM 工程高效设计的目标。书中具体给出了暖通空调系统工程设计中涉及的关键设备（冷水机组、水泵、分/集水器、冷却塔、新风机组、空气处理机组以及风机盘管）和管路集成化工程结构体开发的过程及应用方法。附书光盘给出了上述关键设备的工程结构体及其嵌套族设计实例。

通过本书的学习，读者可以熟练操作 Revit 软件以及掌握空调系统关键设备工程结构体集成化设计方法，从而提高工程 BIM 设计的工效。

责任编辑：张文胜
责任设计：李志立
责任校对：李美娜　李欣慰

空调系统 BIM 集成化工程设计方法
梁若冰　张吉礼　马良栋　唐新鑫　编著
*
中国建筑工业出版社出版、发行（北京海淀三里河路 9 号）
各地新华书店、建筑书店经销
唐山龙达图文制作有限公司制版
北京鹏润伟业印刷有限公司印刷
*
开本：787×1092 毫米　1/16　印张：9½　字数：234 千字
2017 年 9 月第一版　2017 年 9 月第一次印刷
定价：**35.00** 元（含光盘）
ISBN 978-7-112-21019-0
（30671）

前　　言

　　建筑的信息化、网络化、集成化是建筑业发展战略的重要组成部分，也是建筑业转变发展方式、提质增效、节能减排的必然要求，对建筑业的绿色发展、提高人民生活品质具有重要意义。建筑信息模型（Building Information Modeling，BIM）作为一个全专业设计平台，可以完成多专业的协同设计，其最直观的特点在于建筑系统的三维可视化、集成化设计。目前，研究机构、设计院、工程公司等科研、设计和施工单位都纷纷建立 BIM 工作站和 BIM 研究中心，并积极开展 BIM 相关技术的研究和人才培养工作。

　　对于建筑环境与能源应用工程专业而言，完成暖通空调系统 BIM 工程设计的最大难点就是制冷机房系统、空调机房和空调末端系统设计，原因在于上述系统涉及的设备较多、管线也相对复杂，管线之间的叠加、交叉情况较多。因此，亟需利用 BIM 技术来实现暖通空调系统的三维可视化绘图。

　　尽管 BIM 具有三维可视化绘图的优势，但是目前广泛采用的设计方法仍延续着传统的设计思路，即 BIM 的设计思想仍是采用逐个添加设备、阀门和附件来完成暖通空调系统的创建，这种工程设计方法并不能最大限度地发挥 BIM 设计的优势，并没有从根本上脱离原有的设计思想，仅是采用了一种新的手段，BIM 技术的优势未得到全面的应用和开发。为此，本书创新性地提出一种基于 BIM 的集成化设计的方法，通过创建标准的工程结构体实现对于设备及其附件的模块化与集成化设计，进一步实现暖通空调系统 BIM 工程高效设计的目标。

　　本书以暖通空调系统 BIM 集成化模块的创建、暖通空调系统集成化设计方法和思想为背景，具体地给出暖通空调系统工程设计中涉及的关键设备和管路集成化工程结构体开发的过程及应用方法。

　　全书共分 10 章，主要内容如下：

　　第 1 章为 BIM 技术概况及实现软件简述，建筑工程设计方法及集成化工程设计方法简介；

　　第 2 章为 Revit 软件的工作界面与基本命令；

　　第 3 章介绍了创建族过程中涉及的基本术语、族编辑器以及参照平面和参照线；

　　第 4 章介绍了空调系统、空调系统集成化设计方法、空调系统工程结构体的划分创建及使用方法；

　　第 5～10 章主要介绍了冷水机组、水泵、分（集）水器、冷却塔、新风机组、空气处理机组等工程结构体的组成、嵌套族的组成、创建工程结构体及嵌套族的详细过程及工程结构体的参数说明。

　　为便于读者理解本书的相关内容、掌握工程结构体的具体创建方法及使用方法，本书附件光盘中提供了"01-冷水机组工程结构体"、"02-水泵工程结构体"、"03-分集水器工程结构体"、"04-冷却塔工程结构体"、"05-新风机组工程结构体"、"06-空气处理机组工程结构体"、"07-风机盘管工程结构体"七个部分的文件，对应本书第 5～10 章的相关内容。

3

各部分文件具体包括一个工程结构体示例及该示例的嵌套族，便于读者对应书中的创建过程进行学习。

  本书由梁若冰、张吉礼、马良栋和唐新鑫编著。我们希望此书的出版将进一步提高暖通空调 BIM 工程的高效设计、施工和建造，为 BIM 技术在建筑能源等相关领域的应用和推广奠定重要的理论基础。

  由于编著者水平有限，书中难免存在错误及纰漏之处，请读者不吝指正。

目 录

第 1 章 绪 论

　　建筑业是国民经济的重要支柱产业，建筑信息化是提高建筑品质、实现绿色建筑的主要手段和工具。随着建筑信息化程度的不断深入，现在基于二维的建筑表达形式已不能满足建筑行业进一步发展的要求，实施 BIM 技术已成为建筑业信息化的现实需求，BIM 技术势必会引起建筑行业——尤其是建筑工程设计领域的一场新的革命。传统的、串行的"抛过墙式"的设计方法存在效率低下等缺点，建筑设计领域需要新的设计方法，BIM 技术为新的设计方法的实现提供了可能。

　　本章简要介绍了 BIM 技术、BIM 技术实现软件及建筑工程设计方法，让读者对 BIM 技术及建筑工程设计方法有一个大致了解。

1.1　BIM 技术概况

　　BIM 技术大体经历了萌芽、产生和发展三大阶段。1975 年，"BIM 之父"——乔治亚理工大学的 Chuck Eastman 教授首次提出 "a computer-based description of a building" 的概念。经过 20 年的发展，G. A. Van Nederveen 和 F. P. Tolman 两位教授进一步总结出 "BIM" 一词，提出了建筑与信息技术相结合的思想。2002 年，Autodesk 公司正式发布《BIM 白皮书》后，"BIM 教父"——Jerry Laiserin 教授对 BIM 的内涵和外延进行界定，并推广应用。2004 年，随着 Autodesk 公司在中国发布 Autodesk Revit 5.1（Autodesk Revit Architecture 软件的前身），BIM 的概念随之引入中国，并迅速引起工程建设领域的高度重视。

1.1.1　BIM 的基本概念

　　BIM 的全称是 Building Information Model，即建筑信息模型，业内也被称为 Building Information Modeling。BIM 是以三维数字信息为基础，集成了建筑工程项目各种相关信息的工程数据模型，可以为设计和施工提供相互协调的、内部高度一致的、并可以进行运算的数据信息。麦格劳-希尔建筑信息公司对 BIM 的定义是创建并利用数字模型对工程项目进行设计、建造及运营管理的过程，即利用计算机三维软件工具，创建建筑工程项目中的全套数字化模型，并在该模型中包含详细的工程项目信息，能够将这些模型和信息应用于建筑工程的设计过程、施工管理以及物业和运营管理等建筑寿命周期管理过程中。

　　国际智慧建造组织（building SMART International，简称 bSI）对 BIM 的定义包含以下三个层次：

　　（1）第一个层次是 Building Information Model，即"建筑信息模型"，bSI 的解释为：建筑信息模型是一个功能项目的物理特征和功能特性的数字化表达，可以作为项目相关信息的共享知识资源，为项目全寿命过程的所有决策提供可靠的数字化信息支持。

（2）第二个层次是 Building Information Modeling，即"建筑信息模型应用"：bSI 的解释为：建筑模型应用是创建和利用项目数据在其全寿命过程内进行设计、施工和运营的业务过程，允许所有项目相关方通过不同的技术平台之间的数据互用在同一时间内共享利用相同的信息。

（3）第三个层次是 Building Information Management，即"建筑信息管理"，bSI 的解释为：建筑信息管理是指通过使用建筑信息模型中的数据信息，支持项目在全寿命过程中实现信息共享、业务流程组织和控制的过程，建筑信息管理的效益包括集中的和可视化的沟通、更早的进行方案比较、可持续的设计、高效设计、多专业集成、施工现场控制、竣工资料记录。

图 1-1　建筑模型可视化

BIM 技术的特点包括可视化、协调性、模拟性、优化性及可出图性。可视化是指 BIM 三维模型的立体实物图形是可视的，见图 1-1，工程项目的设计、建造、运营等过程是可视的，见图 1-2，这种可视化使得各单位、各部门可以更好地进行沟通、讨论与决策。协调性是指 BIM 可以有效地进行各专业间的分工、协调和综合，减少各专业项目信息的冲突，减少不合理方案的出现。模拟性是指 BIM 可以进行 3D 画面的模拟、能效模拟、日照模拟、传热模拟、4D 模拟（时间维）、5D 模拟（造价控制）、逃生及疏散等日常紧急情况处理方式的模拟，见图 1-3、图 1-4。优化性是指 BIM 可利用模型提供的几何、物理、规则、建筑物变化以后的各种信息对项目进行尽可能地优化处理，以及给复杂程度较高的建筑进行优化。可出图性是指 BIM 可以输出工程建设施工所需要的施工图纸，并指导施工图的实施和运行管理等。

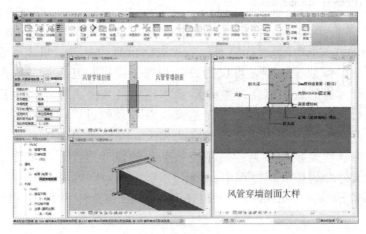

图 1-2　建造可视化

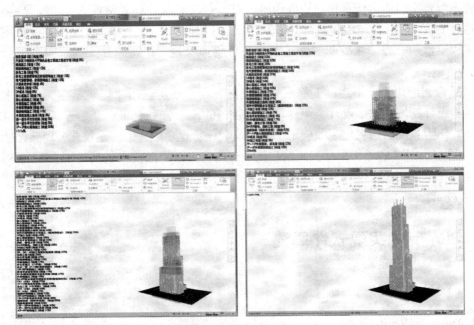

图 1-3　施工模拟

图 1-4　日照模拟

1.1.2　BIM 技术应用概况

BIM 技术可以使设计师利用三维软件完成工程项目所需要的施工图档,在直观的三维空间内观察设计的各个细节并对其进行修改,也可以在此基础上完成建筑效果的渲染、漫游动画等建筑工程表现,大大提高了设计师的效率。在统一的环境中,完成从方案的推敲到施工图的设计,生成室内外透视效果图和三维漫游动画的全部工作,避免了数据流失和重复工作。BIM 技术不仅可以在建筑工程设计中用于绘制图纸,而且可以创建与施工现场完全一致的完整三维工程数字模型。随着 BIM 系列软件的不断完善与发展,其不仅仅包含建筑信息模型,还包含了强大的建筑工程信息,围绕着建筑工程数字模型,形成了工程建设行业中建筑工程的设计、管理和运营的一套方法。施工企业在管理系统中导入BIM 模型后,可以得出施工材料量,可以根据施工进度得出每个阶段的资金预算,可以根据施工需要实时输出任意建筑构件的明细表，并且可以进行概预算阶段工程量的统计。业主通过 BIM 模型可以在工程设计阶段完整了解和模拟工程使用的状况，并进行施工进度和工程质量的管理，在后期物业运营时进行物业管理，跟进建筑工程中设备、管线的变化。

BIM 最初应用于民用建筑工程项目领域，现今已逐步应用于建筑工业、水利水电等多个工程设计领域。除了设计企业外，越来越多的施工方和业主也开始逐渐引入 BIM 技术，将其作为重要的信息化手段应用于施工及企业管理之中。中国建筑总公司已经明确提出要实现基于 BIM 的施工招标、采购、施工进度管理，积极投入研发基于 BIM 系列数据的信息管理平台，并取得了突出的成果，如北京腾讯总部大楼等项目均在施工过程中应用了 BIM 技术。

1.2 BIM 技术实现软件简述

1.2.1 国外 BIM 软件

1. Autodesk Revit

Autodesk Revit 软件是美国数字化设计软件供应商 Autodesk 公司针对建筑行业的三维参数化设计的软件平台。Revit 最早是由一家名为 Revit Technology 公司于 1997 年开发的三维参数化建筑设计软件。2002 年，美国 Autodesk 公司以 2 亿美元收购了 Revit Technology 公司，将 Revit 正式纳入 Autodesk BIM 解决方案中。Revit 是 Autodesk 公司一套系列软件的名称，是专门为建筑信息模型而构建 BIM 的软件。Autodesk Revit 作为一种应用程序提供了 Revit Architecture、Revit MEP、Revit Structure 软件的功能，内容涵盖了建筑、结构、机电、给排水和暖通空调专业，是 BIM 领域内最为知名、应用范围最广的软件。

Revit Architecture 是针对建筑设计师和工程师开发的三维参数化建筑设计软件。利用 Revit Architecture 可以让建筑师在三维设计模式下酌量设计方法、表达设计意图、创建三维 BIM 模型，以 BIM 模型为基础得到所需建筑施工图档，完成整个建筑设计过程。Revit Architecture 是标准的 Windows 系统应用软件，适用于各行业的建筑设计专业。例如，在民用建筑设计中，可以利用 Revit Architecture 完成建筑专业从方案、扩初至施工图阶段的全部设计内容。除民用建筑行业外，Revit Architecture 越来越多地应用于工厂、市政、水利水电等 EPC 及设计企业中。在水利水电行业，利用 Revit Architecture 的参数化建模功能，可以方便地建立所需三维厂房的模型并生成设计图纸。

Revit MEP（MEP：Mechanical Electrical Plumbing）是面向机电工程师的建筑信息模型应用程序。Revit MEP 以 Revit 为基础平台，采用整体设计的理念，从整栋建筑物的角度来处理信息。Revit MEP 针对机电设备、电工和给排水设计的特点，将给排水、暖通空调和电气系统模型关联起来并且提供专业的设备及管道三维建模和二维制图工具，为工程师提供更佳的决策参考和建筑性能分析。它通过数据驱动的系统建模和设计来优化建筑设备及管道系统的设计，能够让机电工程师以机电设计过程的思维方式展开设计。Revit MEP 提供了暖通空调通风设备和管道系统建模、给排水设备和管道系统建模、电力电路照明计算等一系列专业工具，并提供智能的管道系统分析和计算工具，让机电工程师快速完成机电 BIM 三维模型，最大限度地提高基于 Revit 的建筑工程设计和制图效率。Revit MEP 软件建立的管线综合模型可以由 Revit Architecture 软件和 Revit Structure 软件建立的建筑结构模型展开无缝协作。在模型的任意处变更，可以在整个设计和文档集中自动更新所有相关内容。

Revit Structure 是面向结构工程师的建筑信息模型应用程序。Revit Structure 不仅具备了 Revit 系列软件的自动生成平、立、剖图档，自动统计构件明细表和各图档间动态关联等所有特性，还可以帮助设计师创建更协调、可靠的模型，增加团队之间的协作，并且与流行的结构设计软件（如 PKPM、Robot Structure Analysis Professional、Etabs、Midas 等）双向关联。它强大的参数化管理技术有助于协调模型和文档中的修改和更新。除了 BIM 模型外，Revit Structure 还为结构工程师提供了结构分析模型及结构受力分析工具，帮助结构工程师灵活处理各结构构件之间的受力关系、受力类型。结构分析模型中包含有荷载、荷载组合、构件大小以及约束条件等信息，结构工程师可以在第三方结构计算分析应用程序中使用。Revit Structure 也为结构工程师提供了方便的钢筋绘制工具，可以快速生成梁、柱、板等结构构件的钢筋，可以绘制平面钢筋、截面钢筋，以及处理各种钢筋折弯、统计等信息。

2. Autodesk Navisworks

Autodesk Navisworks 软件早期是由英国 Navisworks 公司研发的，2007 年该公司被美国 Autodesk 公司收购。Navisworks 是一款用于集成 BIM 模型，通过 3D 和 4D 方式协助设计检查的软件产品，其针对建筑行业的全生命周期，以提高质量、生产力为主要目标，支持项目相关方可靠整合、分享和审阅三维模型。Navisworks 软件能够将 AutoCAD 和 Revit 系列等应用创建的设计数据，与其他设计工具的信息结合，将其作为整体的三维项目并可以通过多种文件格式进行预览。同时，Navisworks 支持项目参与方将各自的成果集成至一个同步的、完整的建筑信息模型中，实现模型预览、审查、碰撞检测及四维施工模拟。使用该软件，可以在项目实际动工之前，在仿真的环境中查看设计的项目，发现设计缺陷，检查施工进度，可以更加全面地评估和验证所需材质和纹理是否符合设计意图。

3. 其他软件

目前市场上能够创建 BIM 模型的工具还有 Benley Architecture 系列、Gehry Technologies 基于 DasaultCatia 的 Digital Project（简称 DP）、Graphisoft（已被德国 Nemestschek AG 收购）的 ArchiCAD 等。使用这些工具不仅可以创建完整的建筑信息模型，这些工具还内置了施工图绘制、协同设计等工具。

1.2.2　国内 BIM 软件

1. 广联达 BIM 系列软件

广联达 BIM 系列软件包括广联达 BIM 5D 软件、广联达 BIM 审图、广联达 BIM 浏览器、广联达 MagiCAD、广联达 BIM 施工现场布置软件 GCB 以及广联达算量系列软件（包括广联达 BIM 土建算量软件 GCL、广联达 BIM 钢筋算量软件 GGJ、广联达 BIM 安装算量软件 GQI、广联达精装算量软件 GDQ、广联达 BIM 市政算量软件 GMA）。其软件专注于轻量化 BIM 应用。

2. 鲁班系列软件

鲁班系列软件包括鲁班算量系列软件（包含土建预算、钢筋预算、钢筋下料、安装预算、总体预算、钢构预算）以及鲁班项目基础数据分析系统。鲁班算量系列软件是基于 AutoCAD 图形平台开发的工程量自动计算软件。该算量软件包含智能检查系统，可智能检查建模过程中的错误。而且其强大的报表功能，可灵活多变地输出各种形式的工程量数据。可用于工程项目预决算以及施工全过程管理。

鲁班项目基础数据分析系统是企业级 BIM 模型管理和应用系统。将分散在个人手中的工程信息模型汇总到企业，形成一个汇总的企业级项目基础数据库，经授权的企业可利用客户端进行数据的查询和分析。

1.3 建筑工程设计方法概述

1.3.1 建筑工程设计方法概述

建筑工程设计方法经历了两次历史性的革命，第一次革命是 CAD 代替了传统的手工绘图方式，第二次革命是 BIM 技术的出现。

传统的手工绘图设计方法是指设计人员利用不同粗细的墨笔、丁字尺、三角板、曲线板等工具，在图板上进行图纸绘制的设计方法。这种方法存在以下缺点：首先，设计人员一旦画错，图纸修改较为困难，图面修补使得图面过于脏乱，出现大的失误时，甚至要从头开始，重新绘制；其次，在手工绘图阶段，一些相似的工程设计也必须重新进行绘图，建筑施工图无法直接转换为设备底图，暖通、电气设计师必须重新描绘设备底图，这就造成了大量的时间和精力的浪费；再次，由于丁字尺等绘制工具的精度限制以及设计人员的绘图水平的不同，图纸的设计精度很难达到较高的水平；最后，图纸易出现受潮、虫蛀等问题，使得资料不便于管理。总而言之，传统的手工绘图设计方法具有劳动强度高、图面脏乱、劳动重复性高、设计精度低、资料保管不便等缺点。从另一方面来看，建筑既是一件商品，也是一件艺术品，手工绘图设计方法可以更好地表现建筑师的灵感、创意和个性，更好地体现建筑的艺术气息。

CAD 即计算机辅助设计，指利用计算机及其图形设备帮助设计人员进行设计工作。20 世纪 50 年代，美国开始出现具有简单绘图输出功能的被动式的计算机辅助设计技术。20 世纪 60 年代中期，推出了商品化的计算机绘图设备。20 世纪 70 年代，开始形成完整的 CAD 系统。20 世纪 80 年代，CAD 技术在中小型企业逐步普及。20 世纪 90 年代初，CAD 技术开始进入我国，90 年代中期，开始在机械和建筑行业推广 CAD，90 年代末，CAD 全面普及，并基本淘汰了手工绘图。

CAD 技术有以下优点：首先，CAD 软件有统一的线型库、字体库，保证了图面的统一；其次，CAD 提供了撤销"UNDO"功能，该功能允许绘图人员返回至画错之前的那一步，使得图纸修改更为便利，图面更为整洁；此外，CAD 提供的复制"COPY"功能，可使得相似、相近的工程设计更为简便，暖通空调、电气工程师也可以直接将建筑施工图转成设备底图，大大提高了工作效率；再次，CAD 可以保证精确到毫米的设计精度，这对于手工绘图的设计方法而言是较为困难的；最后，由 CAD 软件制作的图形、文件可直接存储于硬盘上，更便于资料的管理和调用。

但同时，CAD 技术还存在以下缺点：首先，CAD 技术在操作上仍未摆脱与手工绘图相似的由点及线、由线及面的绘制方式，每一面墙、每一面窗、每一根管道都需要设计者用鼠标一点一线一面地绘制完成，而且修改图纸的过程也同传统的手工绘图方式一样，出现问题的图纸必须依次修改，仍然存在重复工作的情况；其次，传统的制图方法是通过二维视图来描述三维实体，这种绘图方式极易发生图纸与现场情况不符、不满足施工要求的情况，即使有三维的 CAD 软件，其主要功能也只不过满足三维效果图的要求，而不能解决这一问题；最后，即使采用 CAD 的设计方法，其设计流程也并未发生革命性的变化，仍为建筑专业完成建筑图，再交由结构、暖通空调等专业进行设计，这就极易出现各专业协调不通畅的问题，且施工过程中极易发生各专业碰撞的情况。而 BIM 技术的出现，则为上述问题的解决提供了很好的思路和方法。

1.3.2 集成化工程设计方法

BIM 技术提供了一系列全新的建筑制图软件，其运用的是三维数字化制图工具，是基于数据库的立体模型，BIM 技术改善了平面作图存在的缺陷，其采用三维图示方法，清晰地展示了建筑的细节情况，并集成了整个建筑的信息，构成数据模型。

首先，传统的 CAD 利用平立剖、详图、设计说明等设计图纸来交换信息，且由 CAD 产生的大量图纸之间的相互联系性较差，这就使得冲突情况时常发生，并且随着建筑造型的设计越来越复杂，CAD 设计方法在表达和协同工作上已不能满足需要。而 BIM 技术将相对独立的图纸改变为整体的数字化信息存储到同一个数据库中，便于项目各方的交流与协作，而且，BIM 提供动态可视化的设计功能，设计人员可通过三维的直观形象来确认其设计的合理性，尽可能避免各专业间冲突的发生，促进不同专业间的配合和协调。

其次，由于 BIM 技术的协调性和一致性，传统的"抛墙式"的设计流程——某专业完成交由下一专业继续设计的流程可以得到革命性的改变，各专业人员可在同一平台进行设计，共同完成建筑模型，也能减少各专业间冲突情况的发生。

此外，BIM 技术不再采用 CAD 制图模式中由点及线、由线及面的绘制模式，其创建的都是整个建筑的门窗、柱子、墙体等实体之间的关系，无论是在平面、立面还是剖面中修改任一实体的位置和大小，该实体在其他图面中均一同更改，即实现了"一处改，处处改"的目标。在 BIM 的常用软件 Revit 中，我们称这些实体为"族"。BIM 的制图方式为建筑设计提供了一种新的思路：在建筑中存在着大量的可标准化、模块化的建筑构件系统即建筑构件及其附件，将可标准化、模块化的建筑构件系统以标准族的形式确定下来，应用于设计过程中，我们将这种方法称之为集成化设计方法。集成化设计方法在国家现今大力推进建筑行业装配化、集成化的大背景下有极大的应用价值，本书仅以空调系统为例进行介绍，详见第 4.2.1 节的相关介绍。

第 2 章　Revit 建筑制图方法概要

Revit 是国内应用较为广泛的 BIM 软件，包括建筑、结构及设备（水、暖、电）的功能模块，可以很好地满足建筑设计师、结构工程师、设备工程师的需求。

本章主要介绍 Revit 软件的工作界面与基本命令、Revit 建筑制图的基本原理、Revit 机电设备系统制图的基本原理，使读者对 Revit 软件及其使用方法有一个基本的了解。如读者对 Revit 软件已经有了一定的了解，可以跳过本章，进行后续章节的学习。

2.1　工作界面与基本命令

2.1.1　基本术语

1. 项目

在 Revit 中，"项目"是构建该建筑若干数量的建筑构件（如墙、梁、板、柱、管道、机械设备等）的集合体，是建筑设计信息数据库模型。"项目"还包含这些建筑信息构件组成的视图（平面、立面、剖面、三维等视图）、设计图纸、构建明细表以及渲染图等建筑设计的最终输出产物。通过使用单个项目，用户可以对设计进行修改，修改会同步反映在所有关联区域。项目以".rvt"的数据格式保存，在高版本 Revit 中创建的".rvt"格式的项目在低版本的 Revit 中无法打开。

2. 图元

图元是 Revit 软件中可以显示的模型元素的统称。它可以是墙、柱、梁、管道这样的实体，也可以是抽象的轴线、标高或者是施工图上的标注与视角。Revit 包含了三种图元："模型图元"、"基准面图元"和"视图专用图元"。图元关系图如图 2-1 所示。"模型图元"代表建筑的实际三维几何图形，如风管、机械设备等。"基准面图元"用来协助定义项目范围，如标高、轴网和参照平面等。"视图专用图元"只显示在放置图元的视图中，对图元进行描述和归档，如尺寸标注、标记和二维详图等。Revit 图元的最大特点就是参数化，可以由用户直接创建或者修改，无需进行编程。

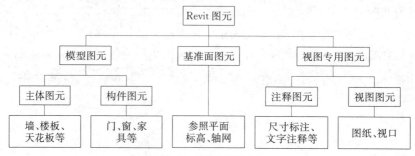

图 2-1　图元关系图

3. 族

族在 Revit 中是建筑设计的基础与核心。某一类别中图元的类，是根据参数集上的共用、使用上的相同和图形表现的相似来对图元进行分组。在 Revit 项目文件中除参照平面、详图线、模型线、幕墙网格线等用于辅助、定义的这些图元外，其他任何单一图元都是由某一特定族产生。由一个族产生的各图元均有相似属性或参数。例如，一个冷水机组族，由该族产生的图元都可以具有尺寸和冷量等参数，但具体每个冷水机组的尺寸和冷量可以不同，这由该族的类型或者实例参数定义决定。

4. 类别

Revit 不提供图层的概念。把 Revit 中的图元以对象类型的方式进行自动归类和整理，例如模型图元类别包括风管附件和机械设备等，注释图元类别包括标记和文字注释等。在创建各类对象时，会自动根据对象所使用的族将该图元自动归类到正确的对象类别中。"类别"还可以理解为族的类别，项目中族文件可以在"项目浏览器"中的"族"分支下查看，不同的族文件可以通过类别进行分类。

5. 类型

不同族的分类，称为"类别"；同一个族的不同参数对应的图元，称为"类型"，每一个族包含一个或多个不同的类型，用于定义不同的对象特性。对于柱来说，可以通过创建不同的族类型，定义不同的柱高度等。同一族文件的不同族类型在创建时，只需要更改特定参数即可，减少了同一系列模型反复建模的工作量。另外，模型引用可以通过加载一个族文件来实现，极大提高设计效率。

6. 实例

在 Revit 软件中，实际存在于当前项目中的图元称为"实例"，在建筑（模型实例）或图纸（注释实例）中都有特定的位置。对于墙来说，每个放置在项目中的实际墙图元，称之为该类型的一个实例。Revit 通过类型属性参数和实例属性参数控制图元的类型和实例属性特征。同一类型的所有实例均具备相同的类型属性参数设置，而同一类型的不同实例，可以具备完全不同的实例参数设置。

修改属性类型的值会影响该族类型的所有实例，而修改实例属性时，仅影响所有被选择的实例。要修改某个实例使之具有不同的类型定义，必须为族创建新的族类型。

图 2-2、图 2-3 列举 Revit 中族类别、族、族类型和族实例之间的关系。

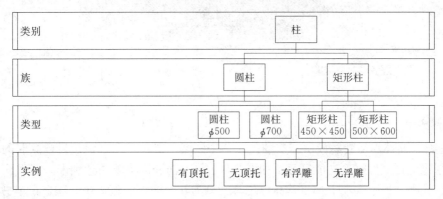

图 2-2　族关系图

图 2-3 对象关系图

2.1.2 Revit 2016 界面

Revit 2016 采用 Ribbon 界面。Ribbon 即功能区，是一个包含命令按钮和图示的面板。用户可以根据自己的需要修改界面布局。Revit2016 界面包括：功能区、应用程序菜单、快速访问工具栏、项目浏览器、系统浏览器、状态栏、属性、视图控制栏、绘图区域、导航栏、信息中心等，如图 2-4 所示。

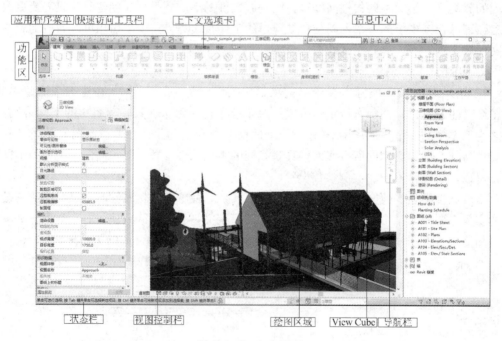

图 2-4 Revit 主界面

1. 功能区

功能区：即 Revit 中建模所需要的主要命令区域，提供了在创建项目或族时的全部工具。在创建项目文件时，功能区显示如图 2-5 所示。功能区主要由选项卡、工具面板和工具组成。其中，每个选项卡都将其命令工具细分为几个面板进行集中管理，在本书后面的章节会按选项卡、工具面板和工具的顺序描述操作中该工具所在的位置。

图 2-5　功能区

2. 应用程序菜单

　　单击 Revit 左上角图标，即可打开应用程序菜单列表，如图 2-6 所示，提供对常用文件操作的访问，例如"新建"、"打开"、"保存"和"另存为"。其中的"导出"菜单提供了 Revit 支持的数据格式，以便于与其他软件如 Autodesk CAD 进行数据文件交换。如图 2-7 所示，单击应用程序菜单列表中的"选项"命令会出现"选项"对话框，其中包含"常规"、"用户界面"和"图形"等一系列选项卡，"常规"选项卡下可以设置"用户名"、"保存间隔设置"。在"用户界面"选项卡下可以设置"快捷键"等。而在"图形"选项卡中可以通过"背景"选项将 Revit 背景设置为任何颜色，用户可以根据自己的工作需要自定义出现在功能区域的选项卡命令。

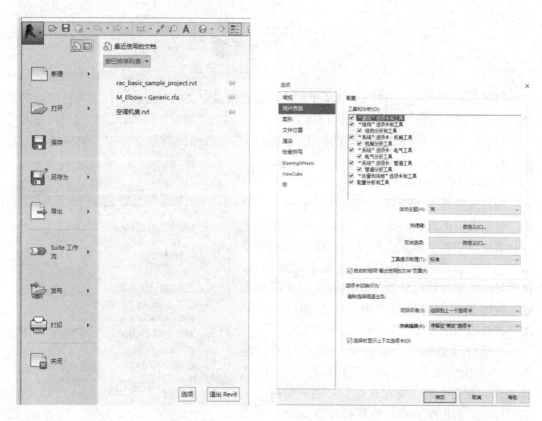

图 2-6　应用程序菜单　　　　　　　　　图 2-7　选项对话框

3. 快速访问工具栏

　　快速访问工具栏用于执行最常使用的命令，它提供快速使用这些常用命令和按钮的快捷操作方式，提高使用效率。默认情况下快速访问栏包含下列项目：

（1）打开：打开项目、族、注释、建筑构件等文件。

（2）保存：用于保存当下的项目、族、注释及样板文件。

（3）撤销：取消上次的操作，显示在任务执行期间的所有操作。

（4）恢复：恢复上次取消的操作，显示在任务执行期间的所有已恢复的操作。

（5）三维视图：打开或者创建视图，包括默认的三维视图、漫游视图和相机视图。

（6）同步并修改设置：将本地文件和中心服务器上的文件进行同步。

（7）定义快速访问工具栏：自定义快速访问工具栏上的项目。

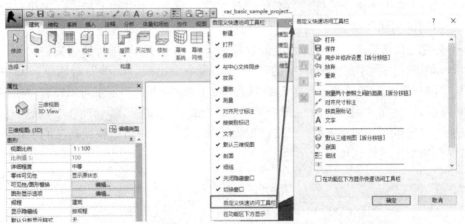

图 2-8　自定义快速访问工具栏

如图 2-8 所示，快速访问工具栏里的内容是可以自定义的，点击"自定义快速访问工具栏"标签后，可以对这些命令进行"上移"、"下移"、"删除"等操作。勾选"在功能区下方显示"选项可以修改快速访问栏的位置。如想将常使用的命令添加至快速访问工具栏，则右键单击该命令后选择"添加至快速访问工具栏"即可。

4. 项目浏览器

项目浏览器是用于显示当前项目中的所有视图、明细表、图纸、族、组、链接的模型和其他部分的逻辑层次。如图 2-9 所示，项目类别前显示"＋"表示该项目中还包含其他子类别项目。在项目浏览器对话框任意栏目名称上单击鼠标右键，在弹出的右键菜单中可以进行相应的"复制"、"删除"、"重命名"等操作。

在项目浏览器中，右键单击第一行的"视图"，在弹出的菜单中选择"类别属性"，如图 2-10 所示，在打开的"类别属性"对话框中可以定义项目视图的组织方式，包括排序方法和显示条件过滤器。

5. 状态栏

状态栏位于 Revit 应用程序界面框架的最底部，是对用户当前使用的命令操作状态提示，也

图 2-9　项目浏览器

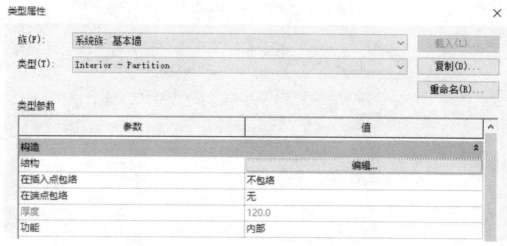

图 2-10　"类别属性"对话框

是使用该命令时的相关技巧和提示。图 2-11 所示状态栏右侧显示的内容有：

（1）工作集：对工作共享项目的"工作集"对话框的访问。

（2）设计选项：对"设计选项"对话框的快速访问。

（3）单击和拖拽：允许用户单击并拖动图元而无需先选择该图元。

（4）过滤器：显示选择的图元数并优化在视图中选择的图元类别。

要隐藏状态栏或者状态栏中的工作集、设计选项，单击功能区中"视图"，在"用户界面"下拉菜单中清除相关的勾选标记即可。

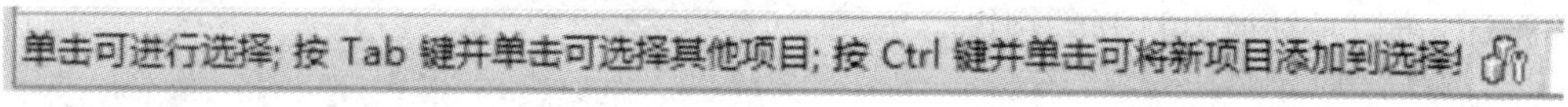

单击可进行选择; 按 Tab 键并单击可选择其他项目; 按 Ctrl 键并单击可将新项目添加到选择!

图 2-11　状态栏

6. 属性

Revit 属性对话框用来查看和修改图元参数值，是模型修改的主要工具之一，属性面板各部分的功能如图 2-12 所示。键盘快捷键"Ctrl＋1"可在任何情况下打开或关闭属性面板。在绘图区域中单击鼠标右键，在弹出的菜单中选择"属性"选项，或者选择"视图"，在"用户界面"勾选"属性"一栏也可打开属性对话框。按住鼠标左键不放可以将属性对话框拖拽到绘图区域的任何位置成为浮动面板。

用户可以点击"类型选择器"更换图元的类型、在"类型属性编辑器"区域修改目前点选图元的类型属性或在"实例属性"区域修改图元的实例属性值。当选择图元对象时，属性面板将显示当前点选对象的实例属性；如果未选择对象，则显示活动视图的属性。

7. 视图控制栏

视图控制栏位于状态栏界面上方，如图 2-13 所示，点击相应的按钮可以快速访问影响当前视图的功能，其中包含下列 12 个功能，从左向右分别为：比例、详细程度、视觉样式、打开/关闭日光路径、打开/关闭阴影、显示隐藏/渲染对话框、裁剪视图、显示/隐藏裁剪区域、解锁/锁定三维视图、临时隔离/隐藏、显示隐藏的图元、分析模型的可见性。

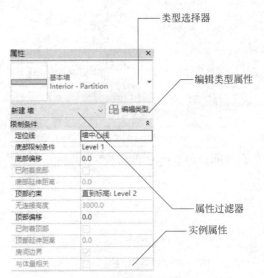

图 2-12　属性面板

用户可以选择"比例"中的"自定义"按钮，自定义当前视图的比例，但不能将此自定义视图比例用于该项目的其他视图。

图 2-13　视图控制栏

8. 绘图区域

绘图区域显示当前项目的视图，如三维视图、二维视图、明细表、图纸等。使用快捷键"WT"可以平铺所有打开的视图，如图 2-14 所示。

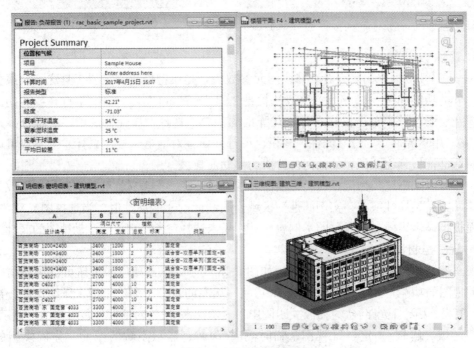

图 2-14　当前项目视图

默认情况下绘图区域背景为白色，在"选项"对话框"图形"选项卡中，可以设置绘图区域背景变为黑色。如图 2-15 所示，使用"视图"下"窗口"选项卡中的"平铺"或者"层叠"命令可以设置所有打开的视图的排列方式。

图 2-15　视图排列方式

9. 导航栏

导航栏默认是在 Revit 界面的右侧区域，用于访问导航工具。其中"全导航控制盘"可提供如"缩放"、"平移"、"漫游"等操作。

10. 信息中心

信息中心是 Revit 软件为用户提供的在线交流媒介，可以通过信息中心快速进入 Revit 帮助中心，访问与产品相关的信息源，此功能需要联网操作，如图 2-16 所示。

图 2-16　信息中心

2.1.3　基本命令

1. Revit 基本命令

Revit 利用 Ribbon 把用户常用命令都集成在功能区面板上，便于用户使用。Revit 自 2013 版本后不再区分"Revit Architecture"、"Revit Structure"和"Revit MEP"，而是将建筑、结构、水暖电集合至一个软件，如图 2-17 所示。

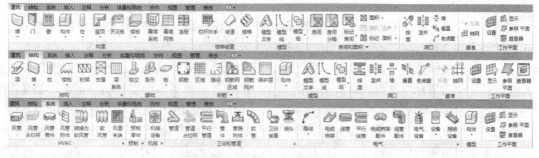

图 2-17　Revit 基本命令

2. 快捷键

常用快捷键汇总如表 2-1～表 2-3 所示，用户在任何时候都可以通过键盘输入快捷键直接访问指定工具。

建模与绘图工具常用快捷键

表 2-1

命令	快捷键	命令	快捷键
墙	WA	对齐标注	DI
门	DR	标高	LL
窗	WN	高程点标注	EL
放置构件	CM	绘制参照平面	RP
房间	RM	模型线	LI
房间标记	RT	按类别标注	TG
轴线	GR	详图线	DL
文字	TX		

编辑修改工具常用快捷键

表 2-2

命令	快捷键	命令	快捷键
删除	DE	对齐	AL
移动	MV	拆分图元	SL
复制	CO	修剪/延伸	TR
旋转	RO	偏移	OF
定义旋转中心	R3	在整个项目中选择全部实例	SA
阵列	AR	匹配对象类型	MA
镜像、拾取轴	MM	线处理	LW
创建组	GP	填色	PT
解锁位置	UP	拆分区域	SF

视图控制常用快捷键

表 2-3

命令	快捷键	命令	快捷键
区域放大	ZR	视图图元属性	VP
缩放配置	ZF	可见性图形	VV
上一次缩放	ZP	隐藏图元	EH
动态视图	F8	隐藏类别	VH
线框显示模式	WF	切换显示隐藏图元模式	RH
隐藏线显示模式	HL	快捷键定义窗口	KS
带边框着色显示模式	SD	视图窗口平铺	WT
细线显示模式	TL	视图窗口层叠	WC

3. 图元选择

在 Revit 中，要对图元进行修改和编辑，必须选择图元。在 Revit 中可以使用 3 种方式进行图元的选择，即单击选择、框选、按特性选择。

（1）单击选择。移动鼠标至任意图元上，该图元将会高亮显示并且状态栏会出现该图元的信息，单击鼠标左键可选择此高亮的图元。在选择时如果多个图元相互重叠，循环按"Tab"键，Revit 将循环高亮预览显示各图元，当要选择的图元高亮出现时单击鼠标左键选择该图元即可。要选择多个图元时，可以按住键盘"Ctrl"键后，依次单击要添加的图元。如果要取消图元的选择，可以按住键盘"Shift"键单击已选择的图元。Revit 中选择多个图元后，单击"选择"后单击"保存"，在出现的"保存选择"对话框中输入选择集的名称便可以对当前显示的图元集进行保存，保存后的图元集可以随时被调用。要调用已保存的选择集，单击"管理"后点击"选择"，按"载入"按钮，在弹出的"恢复过滤器"中输入选择集的名称即可。

（2）框选。将光标放在图元的一侧，按住鼠标左键对角拖拽光标形成矩形，则选中矩形范围内的图元。从左向右拖拽光标绘制范围框时，被实线框全部包围的图元才能选中；当从左向右拖拽光标绘制范围框时，被虚线框完全包围或者与范围框边界相交的图元均会被选中。

（3）特性选择。鼠标左键单击图元，在高亮显示的图元上单击鼠标右键，点选"选择全部实例"则在项目或视图中选择某一图元或族类型的所有实例。有公共端点的图元，在链接的构件上单击鼠标左键，点选"选择全部实例"可以把同端点链接的图元全部选中。

4. 图元过滤

选中不同的图元后，单击功能区的"过滤器"按钮，可以在"过滤器"对话框中勾选或取消图元类别，"过滤器"仅过滤已选择的图元，如图 2-18 所示。

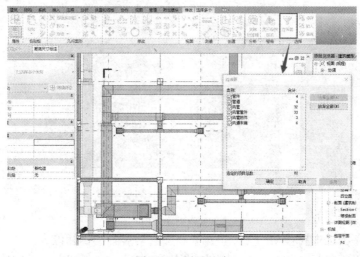

图 2-18 图元过滤

5. 图元编辑

如图 2-19 所示，修改面板有"修改"、"移动"、"复制"、"镜像"、"旋转"等命令，使用这些命令可以对图元进行编辑和修改。

图 2-19 图元编辑面板

"移动"：将一个或多个图元从一个位置移动到另一个位置。可以选择图元上的某点或者某线来移动，也可以在空白处任意移动。

"复制"：复制一个或多个选定图元，并生成副本。可以通过勾选"多个"选项实现连续复制图元，如图 2-20 所示。

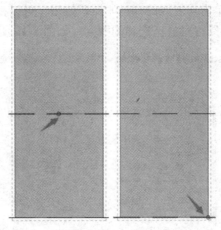

图 2-20　关联选项栏

"阵列"：创建一个或多个相同图元的线性阵列或半径阵列。阵列后的图元会自动成组，若要修改阵列后的图元需进入编辑命令，对成组图元进行修改。

"旋转"：使图元绕指定轴旋转，默认旋转中心位于图元中心，如图 2-21 所示。鼠标移动到旋转中心标记位置，按住鼠标左键不放可以选择新的旋转中心位置。单击确定起点旋转角边，再单击选择终点旋转角边，就可以确定旋转后的位置。

图 2-21　旋转操作

"对齐"：将一个或多个图元选定位置对齐。如图 2-22 所示，在操作时先选中对齐的目标位置，再单击选中要移动的图元，图元将会自动对齐到目标位置。对齐可以以任意的图元或参考平面为目标。勾选选项栏中的"多重对齐"按钮可以将多个对象对齐至目标位置。

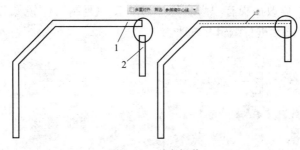

图 2-22　对齐操作

"偏移"：将所选择的模型线、详图线、墙等图元进行复制或在与其长度垂直的方向移动指定的距离。不勾选"复制"时，生成偏移后的图元将删除原有图元，勾选"复制"时，生成偏移后的图元将保留原有图元，如图 2-23 所示。

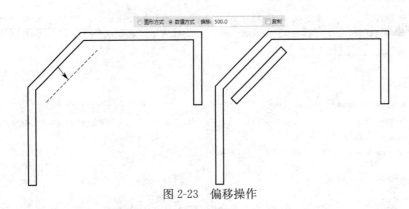

图 2-23　偏移操作

"镜像"：使用一条线、已有图元或者临时绘制轴作为镜像轴，对所选图元进行镜像操作。

"拆分"：将图元分割为两个单独的部分，可删除两个点之间的线段，也可在两面墙之间创建定义的间隙。

"修剪"和"延伸"：修剪和延伸共有三个工具，如图 2-24 所示，从左向右依次为修建/延伸为角、单个图元修剪和多个图元修剪命令。先选择修剪或延伸的目标位置，然后选择对象即可。若对象为多个图元，可以在选中目标位置后，多次选择要修改或延伸的图元，如图 2-25 所示。

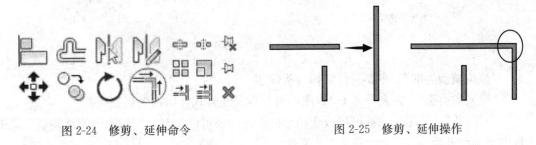

图 2-24　修剪、延伸命令　　　　　　　　　　图 2-25　修剪、延伸操作

6. 可见性控制

当绘图区域图元较多、图纸复杂时，需要关闭某些对象的显示。可以根据不同的情况选择不同的可见性控制方法。

（1）可见性/图形替换。打开"视图"选项卡下的"可见性/图形替换"对话框（可以使用快捷键"VV"或者"VG"），根据项目不同，对话框会有多个标签页，以控制不同类别的对象的显示性，如图 2-26 所示。通过可见性下对应类型的勾选或取消勾选来显示和隐藏模型，也可以通过修改"线、填充图案、透明度"等修改某个类别的对象在当前视图的显示设置。

"可见性/图形替换"对话框包括"模型类别"、"注释类型"、"分析模型类别"、"导入的类别"、"过滤器"等选项卡，各选项卡的具体介绍见下文。

"模型类别"：通过对族类别和填充样式的修改来调整模型类别的可见性。如控制风管、水管、风管附件、机械设备等模型构件的可见性、线样式及详细程度。

"注释类型"：通过对线及填充样式的修改来调整注释构件的可见性，如控制立面、剖面符号、门窗标记、尺寸标注等注释图元的可见性。

图 2-26　"可见性/图形替换"对话框

"分析模型类别"：主要是作结构分析使用。

"导入的类别"：控制导入 CAD 图的可见性和线样式，仍按图层控制。

"过滤器"：使用过滤器可以改变图形的外观，还可以控制特定视图中所有共享公共属性图元的可见性。

（2）临时隐藏/隔离。如图 2-27 所示，"视图控制栏"的"临时隐藏/隔离"功能，可以在当前视图中隐藏/隔离所选对象或是与所选对象相同类别的所有模型。隐藏/隔离时绘图区域的边框会蓝色高亮显示。点击"将隐藏/隔离运用到视图"可以将当前视图中临时隐藏/隔离的内容永久隐藏/隔离。点击"重设临时隐藏/隔离"可以恢复临时隐藏/隔离对象的可见性，当前视图中存在隐藏的内容时该按钮才亮显。

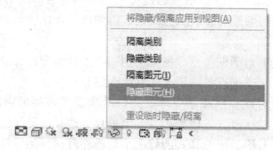

图 2-27　隐藏图元选项

（3）"显示隐藏图元"/关闭"显示隐藏图元"。单击"视图控制栏"的"显示隐藏的图元"按钮，被临时或永久隐藏的构件均红色显示，绘图区域红色边框显示，如图 2-28 所示。此时选中隐藏的构件，鼠标右的键点击"取消隐藏图元"可以恢复其在视图中可见性。

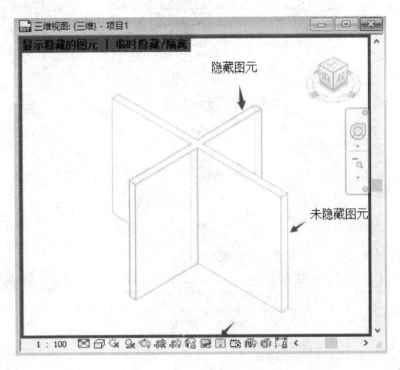

图 2-28　查看项目中隐藏的图元

2.1.4　文件格式

1. 四种基本文件格式

（1）ret 格式。Revit 项目样板文件格式，包含项目单位、标注样式、文字样式、线型、线宽、线样式、导入/导出设置等内容。为规范设计和避免重复设置，对 Revit 自带的项目样板文件，根据用户自身的需求、内部标准设置，保存为项目样板文件，便于用户新建项目文件时选用。

（2）rvt 格式。Revit 项目义件格式，包含项目所有的建筑模型、注释、视图、图纸等项目内容。通常基于项目样板文件（.ret）创建项目文件，编辑完成后保存为 rvt 文件，作为设计使用的项目文件。

（3）rfa 格式。Revit 外部族的文件格式。用户可以根据项目需要创建自己的常用族文件，以便随时在项目中调用。

（4）rft 格式。创建 Revit 外部族的样板文件格式。创建不同类别的族要选择不同的样板文件。

2. 支持的其他文件格式

在项目设计、管理阶段，为了方便用户使用多种设计、管理工具并且实现多软件环境的协同工作，Revit 提供了"导入"、"链接"、"导出"工具，可以支持 CAD、FBX、IFC、gbXML 等多种文件格式。用户可以根据需要进行有选择的导入和导出，如图 2-29 所示。

图 2-29　文件交换

2.2　Revit 建筑制图基本原理

2.2.1　新建项目

点击界面左上方图标，选择"新建"然后点选"项目"，或者利用快捷键"Crtl＋N"，弹出"新建项目"对话框，如图 2-30 所示。用户可以选择需要的样板文件，除了默认的包括通用项目设置的样板文件"构造样板"外，用户还可以在下拉列表中选用"建筑样板"、"结构样板"和"机械样板"。具体所对应的样板文件可以在"选项"中的"文件位置"中设置。同时，在"新建项目"对话框中，单击"浏览"，找到需要打开的项目路径，选中文件即可打开以有项目。

在 Revit 的自带样板中，一般默认项目单位为毫米（mm）。项目单位可以在"管理"下的"项目单位"对话框上进行查看或修改，并且在"项目单位"对话框中，可以预览每个单位类型的显示格式，也可以根据项目的需要点击"格式"栏进行相应设置，如图 2-31 所示。

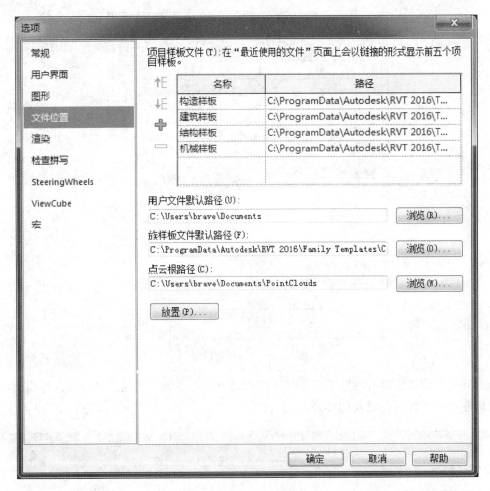

图 2-30　文件位置

2.2.2　标高和轴网

标高和轴网是建筑设计时立、剖面和平面视图中的重要定位信息。在 Revit 中设计项目时，标高和轴网用来为建筑模型中各构件的空间关系定位，根据标高和轴网信息可以创建墙、门、窗、梁柱、楼梯、楼板和屋顶等建筑模型构件。

1. 标高

标高反映了建筑构件在高度方向上的定位情况，是设计建筑的第一步。Revit 中必须在立面或者剖面视图中才能对标高的创建和编辑进行操作，因此在项目设计中必须首先进入立面视图。

（1）创建标高

1）绘制标高

在如图 2-32 所示的工具条中选择"标高"，点选"直线"。一般情况下，所选的项目样板会自带部分标高，此时，移动鼠标光标至已有标高左侧上方任意位置，Revit 将在光标与标高之间显示临时尺寸，指示光标与标高之间的距离。移动光标，当光标位置与标高

图 2-31 项目单位设置

端点对齐时，将捕捉已有标高端点并显示端点对齐蓝色虚线，再通过键盘输入标高值，单击鼠标左键确定便可创建新的标高。

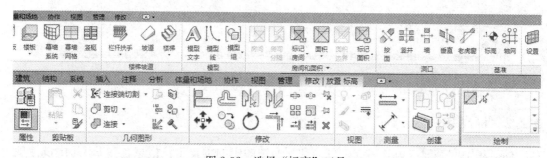

图 2-32 选择"标高"工具

在"修改/放置标高"选项栏中，系统默认勾选"创建平面视图"，表示对所创建的每个标高，系统都会生成与之对应的天花板平面、楼层平面、结构平面视图。单击"创建平面视图"后的"平面视图类型"对话框，在弹出的"平面视图类型"的对话框中，可选择所要创建的视图类型，除了"楼层平面"还有上文提到的"天花板平面"和"结构平面"，如图 2-33 所示。如果禁用"创建平面视图"选项，则认为标高为非楼层标高，并不会创建相关的平面视图。注意，"偏移量"选项表示标高值的偏移范围，可以是正数也可以是负数。通常情况下偏移量为 0。

2）复制标高

单击选择要复制的标高，在功能区的"修改"选项卡中选择"复制"。勾选选项栏中的"约束"及"多个"选项，该操作可确保复制的标高线和源标高线保持正交对齐并且可以执行多次操作。

　　单击标高上任意一点作为复制基点，向上移动鼠标，使用键盘输入标高值并按回车键确认，作为复制的距离，Revit 会自动在原标高线上方生成新标高线。若想取消复制，只需要连续按两次 Esc 键即可。

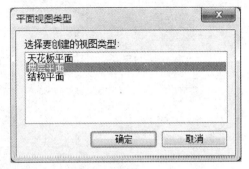

图 2-33　平面视图类型

　　3）阵列标高

　　单击选择要阵列的标高，在功能区的"修改"选项卡中选择"阵列"。在选项栏中取消勾选"成组并关联"，否则阵列后的标高线将自动成组，需编辑组才可调整标头位置、标高高度等属性参数。设置"项目数"为 4，表示将生成包含被阵列对象在内的 4 条标高线。将鼠标移至绘图区，单击标高任意位置确定基点，向上移动，键入标高值即可。

　　当选择"阵列"创建标高时，通过设置选项栏的选项可以创建线性阵列或是半径阵列。其中选项"第二个"是指指定阵列中每个成员间的间距，其他阵列成员出现在第二个成员之后。选项"最后一个"是指指定阵列的整个跨度，阵列成员会在第一个和最后一个成员之间以相等间隔分布。如图 2-34 所示，为选项"最后一个"，阵列的整个跨度为 6000mm 的结果。

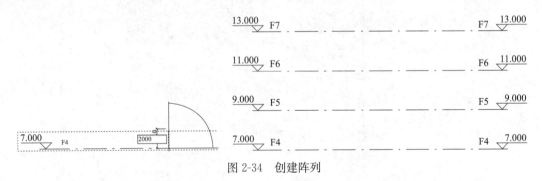

图 2-34　创建阵列

　　（2）编辑标高

　　在视图中适当放大标高右侧标头位置，双击文字部分可进入文字编辑状态，在弹出的"是否希望重命名相关视图"对话框中，选择"是"，则所有与之相关的视图同步更新名称。同样，移动鼠标至标高值位置，双击进入标高值文本编辑状态，按键盘上的"Delete"键删除文本编辑框内的数字，输入"3600"后按回车键确认，此时 Revit 将修改其标高值为"3600mm"，并会自动上下移动标高线，如图 2-35 所示。

　　在绘图区域选中任意一根标高线，标头会出现"隐藏/显示"，控制标头符号的关闭与显示。单击"添加弯头"的折线符号，可偏移标头，用于标高间距过小时的内容调整。单击"拖动点"，可调整标头位置。

　　单击已绘制的标高线，在属性对话框中可以修改标高类型、名称、高度。同时可以按照上文方法调整标高线的名称、高度。点击标高线属性栏中的"编辑类型"可以完成对标高线线宽、线色、线型、标高符号等参数的查看与修改，如图 2-36 所示。

　　在完成标高线的绘制后，为防止因误操作拖动标高位置，可将其锁定。选中全部标高

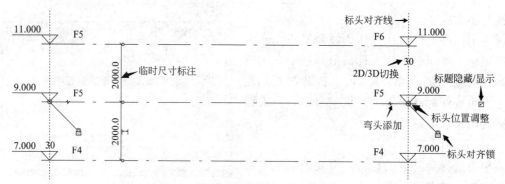

图 2-35 标高修改

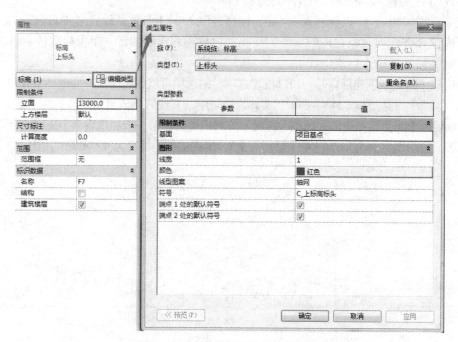

图 2-36 标高属性栏及"编辑类型"

线，在"修改/标高"选项栏，点击"锁定"命令即可。

2. 轴网

（1）创建轴网

标高创建完成以后，可以切换至任何平面视图，创建和编辑轴网。轴网由定位轴线、标志编号组成。相同的轴线所代表的位置信息是相同的，不同层之间同名轴线可能因为构件的布置情况不同从而在长度上有所差异。

1）绘制轴网

如图 2-37 所示，选择功能区"建筑"，单击"基准"下的"轴网"。自动切换至"放置轴网"选项栏，点击"直线"命令开始绘制轴网。移动鼠标至空白视图左下角适当位置单击。确定第一条垂直轴线的起点，沿垂直方向向上移动鼠标光标，将在鼠标光标与轴线起点之间显示轴线预览，在适当位置单击可以完成第一条轴线的绘制，并且该轴线符号自动为 1，如图 2-38 所示。

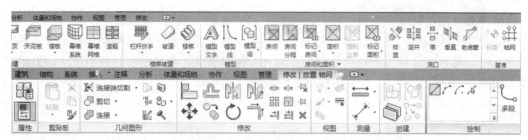

图 2-37　选择"轴网"工具

　　第二条轴线绘制方法和标高绘制方法相同。确定 Revit 处于放置轴线状态，移动光标至轴线 1 起点端点右方任意位置，Revit 将自动捕捉该轴线的起点，光标与现有轴线之间会显示一个临时尺寸标注指示光标与轴线 1 的间距。利用键盘输入尺寸后单击"确定轴线端点"，沿垂直方向移动鼠标，直到捕捉到轴线 1 上方端点时单击鼠标左键完成第二根轴线的绘制。按"Esc"两次可退出放置轴网模式。

　　此时单击"属性"面板中的"编辑类型"按钮，如图 2-39 所示。在弹出的"类型属性"对话框中可以设置或修改轴线符号、颜色和线宽等参数。注意：在 Revit 中，轴线编号会自动按顺序生成，所以在绘制过程中也最好按轴号顺序，先纵向后横向。

　　2）运用编辑工具

　　轴网的创建方式和标高相似，均可以通过复制或阵列等编辑工具进行创建。

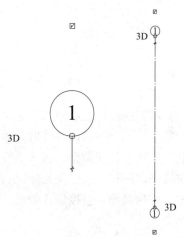

图 2-38　绘制垂直轴网

图 2-39　轴网类型属性

选择要复制的轴线，单击"修改"面板中的"复制"按钮，勾选选项栏中的"约束"和"多个"选项。单击要复制轴线上任意一点作为复制的基点，向右移动鼠标会显示临时尺寸标注，输入尺寸作为第一次复制的距离并按回车确认，将自动在轴线右方生成新的轴线，如图 2-40 所示。按"Esc"两次可退出复制模式。

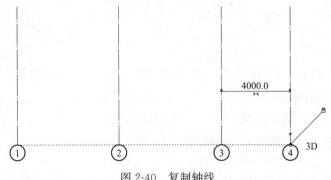

图 2-40　复制轴线

阵列的使用能够同时创建多个图元，但是这些图元之间的间距必须相等。如图 2-41 所示，选择要阵列的轴线后，单击"修改"面板中的"阵列"按钮，取消勾选"成组并关联"以便于后期调整。在选项栏中单击"线性"按钮，设置"项目数"，单击轴线上任意位置确定阵列基点。将光标向右移动，直接在键盘输入尺寸设置临时尺寸标注，按回车键完成阵列操作，直接创建轴线。

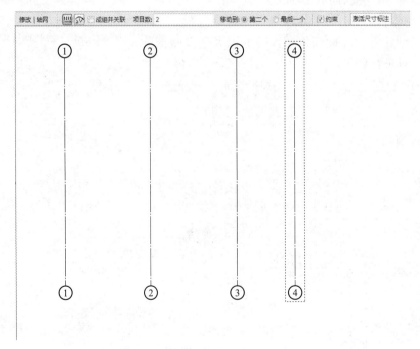

图 2-41　阵列工具

（2）编辑轴网

建筑设计图中，轴网和标高相似，均可以改变显示效果。

选择一根轴网，视图中将显示尺寸标注。如图 2-42 所示，单击尺寸标注上的数字可修改轴间距。双击轴网标头的轴网符号，进入编号文本编辑状态，删除原有编号值。利用键盘输入自定义编号值。勾选或取消勾选"隐藏/显示标头"按钮，可以控制标号的隐藏与显示。

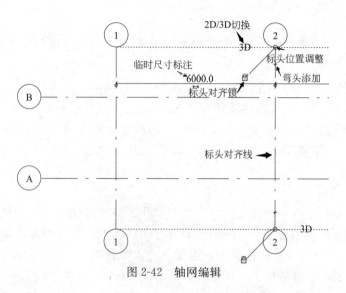

图 2-42　轴网编辑

单击"属性"面板中的"编辑类型"选项，打开"属性类型"对话框，如图 2-43 所示。在对话框中可以显示或修改轴网的轴线颜色和线宽、轴线中段的显示样式、轴线末端宽度与填充图案等。轴线状态显示"3D"标志时代表所做修改在所有平面视图中均有效。单击切换为"2D"后，拖动轴线标头只改变当前视图的端点位置，其余视图均维持原状。

图 2-43　轴网属性修改

在完成轴网的创建后,为防止之后不小心拖动轴网位置,可用"锁定"命令将其锁定。轴网标高创建完成后,单击界面左侧图标,在弹出的菜单中选择"保存"命令保存该文件。

2.2.3 构件的创建

1. 柱

Revit 软件中有"建筑柱"和"结构柱"两种构件。建筑柱适用于墙垛、装饰柱等类型,可以自动继承其连接到墙体等其他构件的材质。在"建筑"功能选项卡下的"柱"命令,创建的是建筑柱,也就是说 Revit 中默认的"柱"指的是建筑柱。

在框架结构模型中,结构柱适用于钢筋混凝土柱等与墙材质不同的柱子类型,其作用是支撑上部结构并将荷载传至基础的竖向构件,在墙平面视图中结构柱截面与墙截面各自独立。结构柱用于对建筑中的垂直承重图元建模。在这里重点介绍建筑柱。

(1)创建建筑柱

在"建筑"选项卡的"构建"面板下单击"柱"下拉按钮,选择"柱:建筑"选项。设置"属性"面板的类型选择器中的类型为项目所需类型,在墙体左侧单击建立建筑柱,如图 2-44 所示。如没有需要的柱类型,选择"插入"选项卡,选择"从库中载入"面板的"载入族"工具中打开相应载入族文件,单击插入即可。

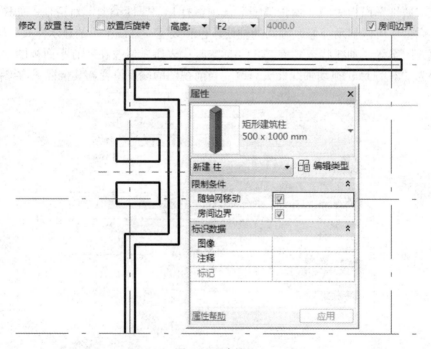

图 2-44 建筑柱

扩选建立的建筑柱与墙体,在打开的"修改 | 选择多个"选项卡中单击"修改"面板中的复制按钮,启用选项栏中的"约束"与"多个"选项,单击轴线复制,如图 2-45所示。

（2）编辑建筑柱

选择建筑柱，单击"属性"面板中的"编辑类型"选项，打开"类型属性"对话框，如图 2-46 所示。设置该对话框中的参数值，可以改变建筑柱的尺寸和材质类型等参数。

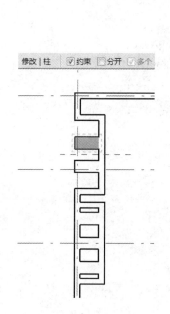

图 2-45　复制柱　　　　　　　　　图 2-46　"类型属性"对话框

选中 1F 平面视图中的所有建筑柱。单击"修改｜建筑柱"选项卡"剪切板"中的"复制"命令，再单击"剪切板"中的"粘贴"命令下方的下拉三角形箭头，选择"与选定标高对齐"弹出"选择标高"对话框，在列表中选择"3F"、"屋顶标高"后单击"确定"按钮，这样就将一楼的所有建筑柱对齐粘贴至 3F、屋顶标高位置。

在 2F 平面视图中，选择所有的建筑柱，将柱"属性"面板中的"底部标高"与"顶部标高"分别设置为"2F"、"3F"，"底部偏移"和"顶部偏移"均为"0.00"，则在 1F 平面视图中的建筑柱图元全部平移至 2F 平面视图中。

2. 梁

（1）创建梁

梁是用于承重的结构图元，Revit 提供了梁和梁系统两种创建结构梁的方式。如图 2-47 所示，在"结构"选项卡中单击"结构"面板中的"梁"命令，在打开的"修改｜放置梁"选项卡中默认选择"直线"绘制方式。

图 2-47　选择梁工具

　　单击"编辑类型"选项，打开"类型属性"对话框，确定类型选择器中选择的为"矩形梁"。点击"复制"按钮，复制并新建名称为"250mm×500mm"的梁类型，如图 2-48 所示。修改类型参数中的宽度"b"为"250mm"，高度"h"为"500mm"，单击"确定"按钮退出"类型属性"对话框。

图 2-48　设置梁属性

　　如图 2-49 所示，确认"绘制"面板中的绘制方式为"直线"，设置选项栏中的"放置平面"为"2F"，修改结构用途为"大梁"，不勾选"三维捕捉"和"链"选项。

图 2-49　修改 | 放置结构梁

　　"属性"面板中"Z 方向对正"设置为"顶"，表示结构梁图元顶面与"放置平面"标高对齐。如图 2-50 所示，移动鼠标至轴线相交位置单击，作为梁起点，沿轴线向上移动鼠标至另两轴线的相交位置单击鼠标，作为梁终点，绘制结构梁。按两次"Esc"键退出梁绘制模式。

　　由于梁的顶部和标高 F2 对齐，所以梁是以淡显的方式显示在当前视图中。选择已绘制的梁，如图 2-51 所示，在"属性"面板中设置"Z 轴对正"方式为"中心线"，即梁的高度方向的中心与当前标高对齐，其他参数不变。单击"应用"按钮，梁在标高 2F 中显示。

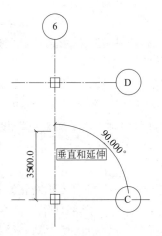

图 2-50　绘制结构梁

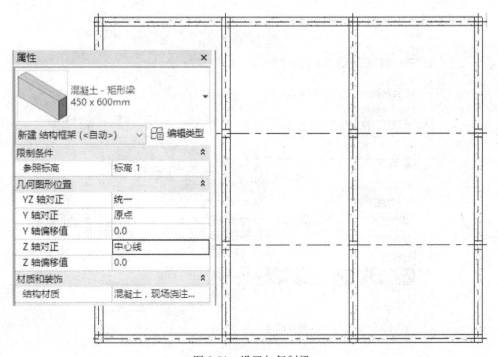

图 2-51　设置与复制梁

框选 2F 结构平面视图中的所有图元，使用"过滤器"过滤选择所有已创建的梁图元及梁标记，配合使用"粘贴到剪贴板"中的"与选定的视图对齐"方式粘贴至"1F"、"屋面标高结构平面视图"，将 2F 创建的梁复制到 1F。

Revit 允许绘制包括直线、弧形、样条曲线、椭圆弧在内的多种形式的梁，并且与结构柱类型一样，通过载入不同的梁族，可以生成不同截面形状的梁。

（2）编辑梁

梁的编辑是对已绘制完成的梁进行信息修改，选中所要修改的梁图元，在属性对话框中进行编辑。

在梁的属性中，"几何图形位置"框内的参数用于定义梁定位线的位置，其各参数含义为：

1）YZ 轴对正：有"统一"和"独立"两个选项，"独立"可以分别调整梁的起点和终点，"统一"则是对梁整体的设置。

2）Y 轴对正：有"原点、左、中心线、右"四个选项，表示梁沿绘制方向的定位线位置。

3）Y 轴偏移：指梁水平方向上相对于"Y 轴对正"设置的定位线的偏移量。

4）Z 轴对正：有"原点、顶、中心线、底"四个选项，表示梁垂直方向的定位线位置。

5）Z 轴偏移：指梁在垂直方向上相对于"Z 轴对正"设置的定位线的偏移量。

如图 2-52 所示，选择功能区"注释＞全部标记"命令，弹出"标记所有未标记的对象"对话框。在"结构框架标记"下拉栏中选择"M_结构框架标记：标准"，单击"确定"按钮，对梁进行编号和标记。

图 2-52　选择梁标记

3. 墙体

在 Revit 中，墙是三维建筑设计的基础，它不仅是分隔建筑空间的主体，也是门窗、墙饰条与分割缝、灯具等设备模型构件的承载主体。Revit 功能区提供了"墙"工具，其使用与结构梁相似，用于绘制和生成墙对象。在 Revit 中创建墙体时，需要先定义好墙体的类型，包括墙厚、做法、材质、功能等，再指定墙体的平面位置、高度等参数。Revit 提供基本墙、幕墙和叠层墙三种基本族。使用"基本墙"可以创建项目的外墙、内墙及分割墙等墙体。

在 Revit 墙结构模型中，墙部件包括两个特殊的核心层——"核心结构"和"核心边界"，用于界定墙的核心结构和非核心结构，"核心边界"之间的功能层是墙的"核心结构"。所谓"核心结构"是指墙存在的条件，例如，砖砌体、混凝土墙体等。"核心边界"之外的功能层是"非核心结构"，可以是装饰层、保温等辅助结构。以砖墙为例，"砖"结构层是墙的核心部分，而"砖"结构层之外的如抹灰、防水、保温等部分功能层依附于砖结构部分而存在的，因此可以称为"非核心"部分。功能为"结构"的功能层必须位于"核心边界"之间。"核心结构"可以包括一个或几个结构层或其他功能层，用于创建复杂结构的墙体。

（1）定义和绘制外墙

通常情况下，建筑物的墙分为外墙和内墙两种类型，以砖墙为例，外墙做法从外到内依次为 10 厚外抹灰、30 厚保温、240 厚砖、20 厚内抹灰，如图 2-53 所示。

图 2-53　外墙做法

打开已保存的标高和轴网文件，切换至 F1 楼层平面视图。在"建筑"选项卡下的"构建"面板中单击"墙"工具，系统自动切换至"修改 | 放置墙"选项卡，如图 2-54 所示。

图 2-54　选择墙工具

在"属性"面板中类型选择器中，选择"基本墙"下的"砖墙 240mm"，如图 2-55 所示。

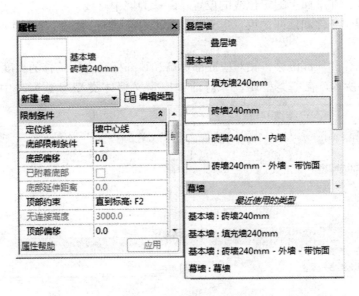

图 2-55　选择墙类型

单击"属性"面板中的"编辑类型"按钮，打开墙"类型属性"对话框，如图2-56所示。单击"族"下拉列表，注意当前列表中共有三种族，设置当前族为"系统族：基本墙"。在类型列表中，设置当前类型为"砖墙 240mm"，单击"复制"按钮，在"名称"对话框中输入"F1-240mm-外墙"作为新墙体类型名称。单击"确定"按钮返回"类型属性"对话框。

图 2-56　复制墙类型

在"属性"面板的显示还包括：

1）定位线：在平面上的定位线的位置，默认为墙中心线。

2）底部限制条件和顶部约束：定义墙的底部和顶部标高。顶部约束不能低于底部限制条件。

3）底部偏移和顶部偏移：相对应底部标高和顶部标高进行偏移的高度。

如图 2-57 所示，在"类型属性"对话框中定义墙体类型参数列表中的"功能"为

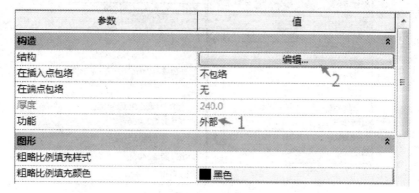

图 2-57　定义墙体功能

"外部"。Revit 提供了外墙、内墙、挡土墙、基本墙、檐底板和核心竖井 6 种墙功能。

单击"结构"参数后的"编辑"按钮，打开"编辑部件"对话框。单击"层"选项列表下方的"插入"按钮两次，在"层"列表中插入两个新层，新插入的层默认厚度为 0.0，且功能均为"结构 [1]"，如图 2-58 所示。

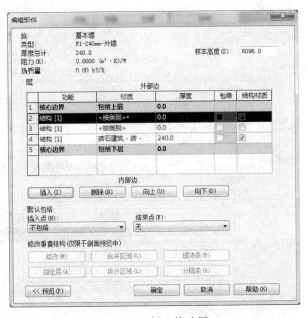

图 2-58　插入构造层

在列表中，上方为墙的外部边，下方为墙的内部边，依次设置墙结构。单击编号为 2 的墙构造层，Revit 将高亮显示该行。如图 2-59 所示，单击"向上"按钮，向上移动该层直至该层编号变为 1，将其放置在"核心边界"的外部，并设置"厚度"为 10。其他层编

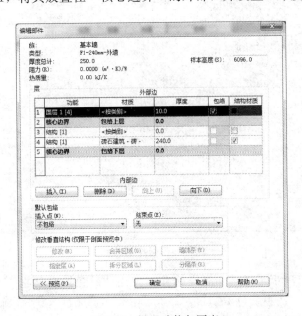

图 2-59　设置功能与厚度

号将根据所在位置自动修改。

　　单击"材质"下方的浏览按钮，打开"材质浏览器"对话框，在搜索框中输入"粉刷"，选择"粉刷-茶色，纹纹"材质，单击对话框底部的"复制"按钮，选择"复制选定材质"选项，如图 2-60 所示。单击右侧"标识"选项卡，在"名称"文本框中输入"F1-粉刷外墙"，如图 2-61 所示。

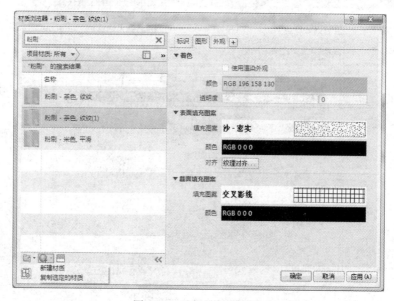

图 2-60　选择并复制材质

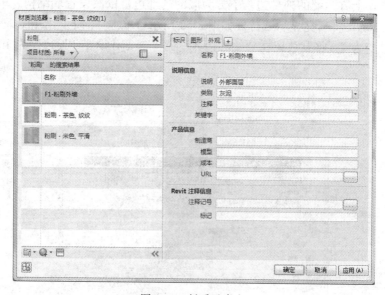

图 2-61　材质重命名

　　单击"图形"选项卡下的"着色"按钮，弹出"颜色"对话框，如图 2-62 所示。单击选择"基本颜色"，选中颜色 RGB 值分别为 128、64、64。单击"确定"按钮完成对颜色的设置，返回"材质"对话框，确定"透明度"选项为 0％及材质不透明。

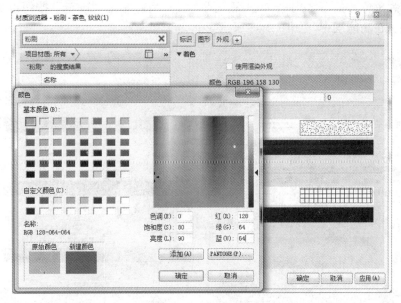

图 2-62　设置颜色

　　"表面填充图案"选项用于在立面视图或三维视图中显示墙表面样式。点击"表面填充图案",弹出"填充样式"对话框,如图 2-63 所示。在"填充样式"对话框中,设置底部"填充图案类型"为"模型",在填充样式列表中选择"600mm×600mm",返回"材质"对话框确定表面填充图案颜色为"黑色"。

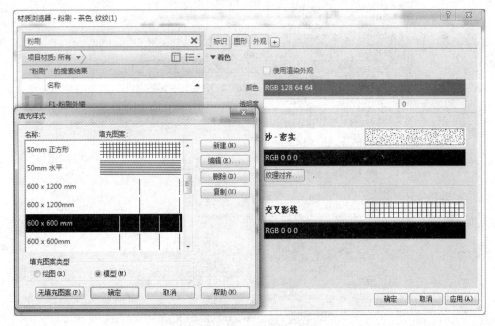

图 2-63　设置表面填充图案

　　"截面填充图案"选项组将会在平面、剖面等墙被剖切时显示该墙层,单击"填充图案"右侧的图案按钮,打开"填充样式"对话框。选择下拉列表中的"沙-密实"填充图案，颜色均为黑色，如图 2-64 所示。完成所有设置后，单击"确定"按钮可见该重命名后的材质显示在功能层中，如图 2-65 所示。

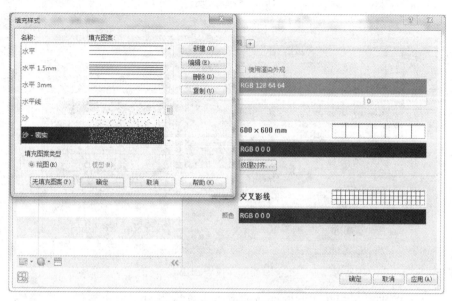

图 2-64　设置截面填充图案

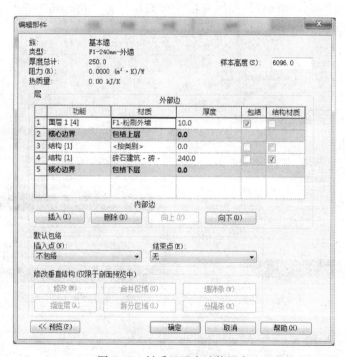

图 2-65　材质显示在功能层中

　　在"编辑部件"对话框中选择第 3 行，单击"向上"按钮将其放置在如图 2-66 所示的位置。选择"功能"为"衬底［2］"，并设置"厚度"为 30。

　　单击该层"材质"下方的浏览按钮，打开"材质浏览器"对话框。选择刚刚新建的

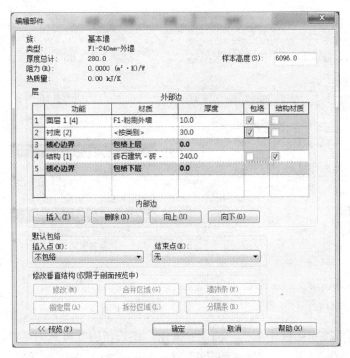

图 2-66　设置功能与厚度

"F1-粉刷外墙"材质右击，选择"复制"选项，并重命名为"F1-外墙衬底"，如图 2-67 所示。

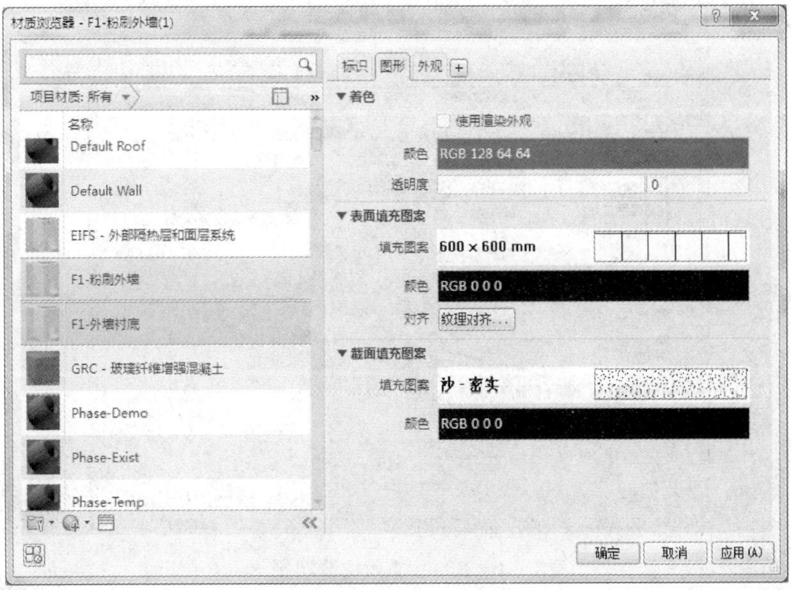

图 2-67　复制材质

在"图形"选项卡中，修改"着色"中的颜色为"白色"；"表面填充图案"中的"填充图案"为"无"；"截面填充图案"中的"填充图案"为"对角交叉叉影线 3mm"，如图 2-68 所示。

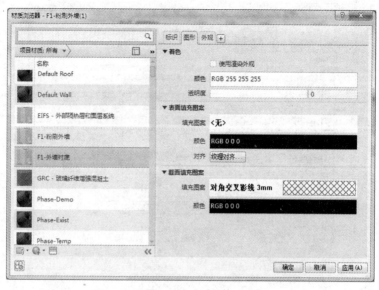

图 2-68　设置"图形"选项卡中的选项

　　在"编辑部件"对话框中单击"插入"按钮，插入新层并将其向下移动至最下方。设置"功能"为"面层 2[5]"，修改"厚度"为 20mm，如图 2-69 所示。

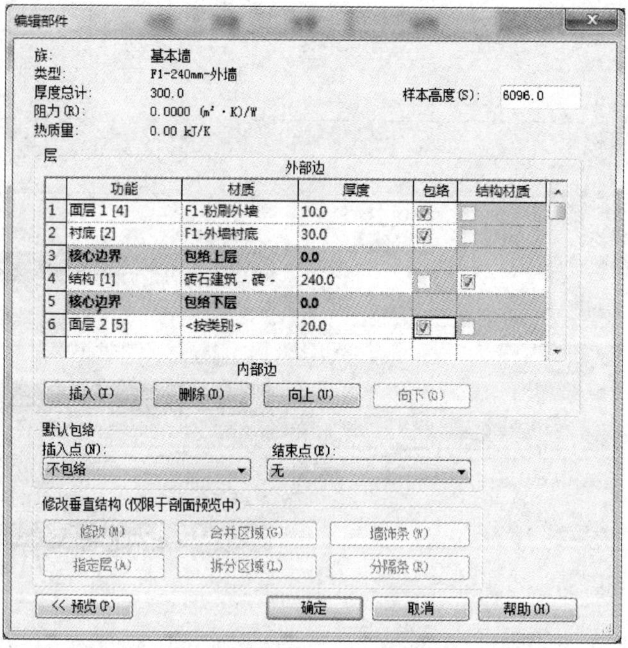

图 2-69　插入构造层

　　单击"材质"下方的浏览按钮，打开"材质浏览器"对话框。选择刚刚新建的"F1-粉刷外墙"材质右击，选择"复制"选项，并重命名为"内墙粉刷"的新材质。在右侧"图形"选项卡中，设置"着色"颜色为"白色"，"表面填充图案"为

"无","截面填充图案"为"沙-密实","颜色"均设置为"黑色",完成墙体材质设置,如图 2-70 所示。

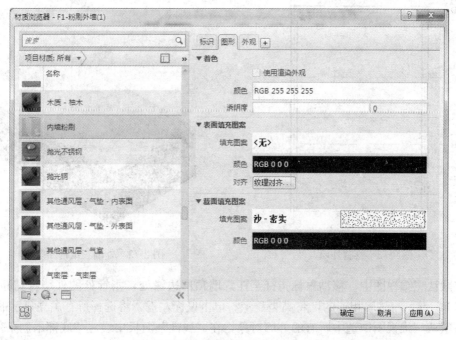

图 2-70　复制并修改材质

在 F1 楼层平面视图确认 Revit 仍处于"修改│放置墙"状态。设置"绘制"面板中的绘制方式为"直线",设置选项卡中墙"高度"为 F2,该墙高度由当前视图标高 F1 直到 F2。设置墙"定位线"为"核心层中心线";勾选"链"选项连续绘制墙,并且设置偏移量为 0,如图 2-71 所示。

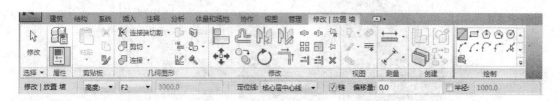

图 2-71　设置"墙"工具选项

在绘图区域内,鼠标指针将自动变为绘制状态。将光标指向轴线 1 与 A 相交的位置,Revit 将自动捕捉两者的交点。在交点位置单击并垂直向上移动光标至轴线 1 与 D 相交位置处单击,完成第一面墙的绘制。水平向右移动光标至轴线 2 与 D 相交位置单击,垂直向下移动光标至轴线 2 与 A 相交位置单击。连续按两次"Esc"键完成 F1 的外墙绘制,如图 2-72 所示。

单击"快速访问工具栏"中的"默认三维视图"按钮,切换至三维视图。在视图底部视图控制栏中切视图显示模式为"着色"。查看上一步绘制的所有墙体的三维模型,如图 2-73 所示。

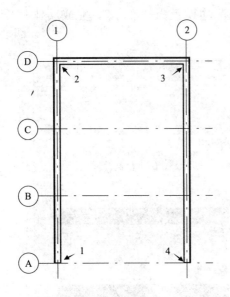

图 2-72 绘制外墙

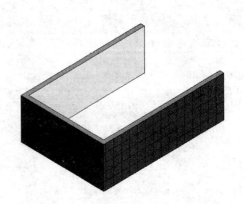

图 2-73 外墙三维视图效果

在默认三维视图中，移动鼠标指针至任意墙顶部边缘处，指针处的外墙将高亮显示，按"Tab"键，与该墙相连的墙将高亮显示。单击鼠标左键，将选择所有高亮显示的墙。

在默认三维视图中选中所有的外墙对象，在"属性"面板中设置"底部限制条件"为"室外地坪"，修改"顶部偏移"的值为 2100，即墙顶部在标高 F2 之上 2100mm，顶部偏移值可正可负。单击该面板底部的"应用"按钮，观察外墙高度变化，如图 2-74 所示。选中已绘制的外墙，单击"修改墙的方向"图标可对已绘制完成的墙进行翻转。

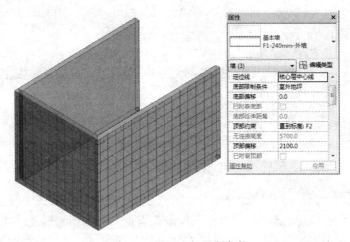

图 2-74 设置底部限制条件

在 F2 楼层平面视图中，在"修改│放置墙"选项卡中选择"绘制"面板中的"拾取线"工具，依次在轴线 1、A、D 与 2 上单击建立外墙，如图 2-75 所示。

单击"修改"面板中的"修改/延伸为角"按钮，在视图中依次单击交叉的外墙，删除矩形外的墙体，形成矩形外墙，有关外墙绘制的内容到此结束。

（2）定义和绘制内墙

建筑设计中内墙同样需要首先设置墙类型。内墙类型的设置方法与外墙相同，还可以在外墙类型的基础上进行修改。内墙从外到内依次是 20 厚抹灰、240 厚砖、20 厚抹灰，如图 2-76 所示。

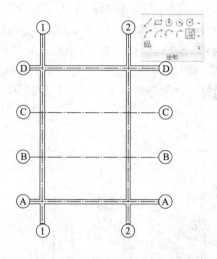

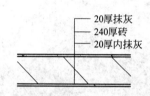

图 2-75　拾取线工具　　　　　　　　　　图 2-76　内墙构造

与外墙设置相同，在 F1 楼层平面视图，选择"墙"工具，在属性面板的类型选择器中，选择"F1-240mm-外墙"类型。打开"编辑类型"选项，在"类型属性"对话框中单击"复制"按钮，复制该类型为"F1-240mm-内墙"，并设置"功能"为"内部"。

单击"结构"右侧的"编辑"按钮，打开"编辑部件"对话框。单击选择第 2 层"衬底"层，单击"删除"按钮删除该层。单击"面层 1〔4〕"构造层的"材质"浏览按钮，打开"材质浏览器"对话框。选择"F1-内墙粉刷"材质，单击"确定"，设置该层构造的"厚度"为 20.0，完成内墙结构设置。

确认墙绘制方式为"直线"。设置选项栏中墙"高度"为标高 F2，设置墙定位线为"核心中心线"，设置"偏移量"为 0。分别在轴线 1 至轴线 2 之间的轴线 B、C 上绘制垂直内墙，如图 2-77 所示。

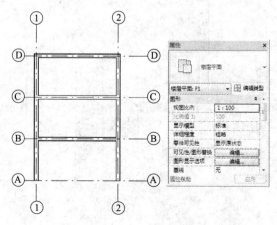

图 2-77　绘制内墙

单击快速访问工具栏中的"默认三维视图"按钮，切换至默认三维视图中，查看绘制的内墙效果，如图 2-78 所示。

4. 幕墙

幕墙是建筑物的外墙围护，不承担建筑的楼板或屋顶荷载。幕墙常常被定义为薄的、通常带铝框的墙，包含填充的玻璃或金属嵌板。Revit 中，幕墙是由"幕墙嵌板"、"幕墙网格"、"幕墙竖梃" 3 部分组成的。幕墙嵌板是构成幕墙的基本单元，幕墙由一个或多个幕墙嵌板组成。幕墙嵌板的大小、数量由划分幕墙的幕墙网格决定。幕墙竖梃即幕墙龙骨，是沿幕墙网格生成的线性构件。当删除幕墙网格时，依赖于该网格的竖梃也将同时删除，如图 2-79 所示。

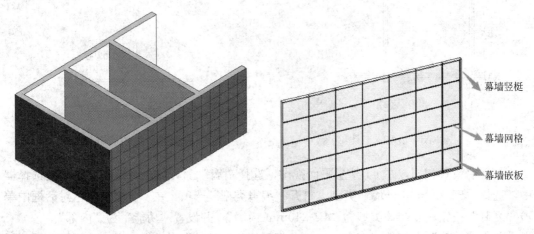

图 2-78　内墙三维效果　　　　　　　　　图 2-79　幕墙组成

幕墙的创建方式和基本墙一致，但是幕墙多数是以玻璃材质为主。在 Revit 的建筑样板中，包含三种基本样式："幕墙"、"外部玻璃"和"店面"。其中"幕墙"没有网格和竖梃，没有与此墙类型相关的规则，此墙类型灵活性最强，如图 2-80 所示；"外部玻璃"包含预设网格，如果设置不合适，可以修改网格规则，如图 2-81 所示；"店面"中包含预设网格和竖梃，设置不合适也可以修改网格和竖梃，如图 2-82 所示。

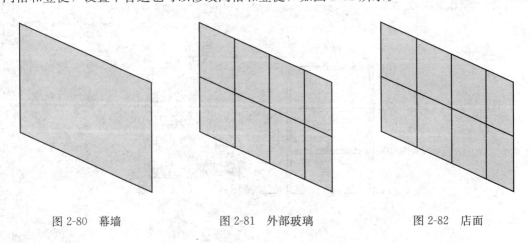

图 2-80　幕墙　　　　　　　　图 2-81　外部玻璃　　　　　　　图 2-82　店面

幕墙绘制方法：如图 2-83 所示，点击功能区"建筑"下的"墙"命令，在墙属性栏中选择幕墙，在类型浏览器可选择所需幕墙类型，绘制面板如图 2-84 所示。高度设置方法和普通墙一致，可以在选项栏也可以在属性面板的限制条件中设置，选项栏如图 2-85 所示。需要注意，在选项栏中设置墙高时，要注意选择的是"高度"还是"深度"。在绘图区域中，在轴线之间墙的空白处绘制一段幕墙，如图 2-86 所示。在三维视图中，默认的幕墙还未划分网格，所以目前创建的幕墙是一整片玻璃的样式，如图 2-87 所示，此时可以用功能区"编辑轮廓"命令修改幕墙轮廓，其平面视图如图 2-88 所示。

图 2-83　选择幕墙类型

图 2-84　幕墙绘制面板

图 2-85　在选项栏中输入参数

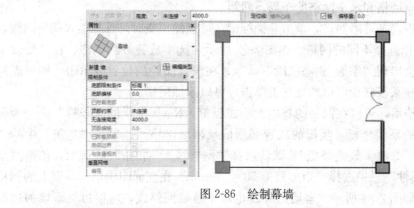

图 2-86　绘制幕墙

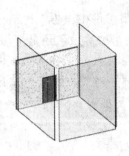

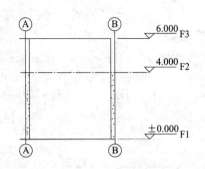

图 2-87 未添加网格的幕墙   图 2-88 幕墙轮廓编辑

幕墙命令还可以绘制嵌入在墙内的幕墙样式，在选择"幕墙"命令时，在其属性栏中将"自动嵌入"勾选上，设置好幕墙的高度和网格后，在墙体同样的位置上绘制幕墙，墙体会自动开洞插入幕墙，完成后幕墙如图 2-89 所示。

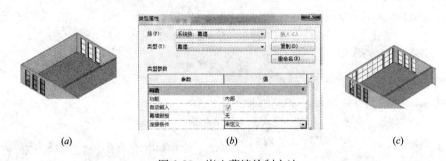

图 2-89 嵌入幕墙绘制方法

（*a*）要嵌入幕墙的墙体；（*b*）嵌入幕墙设置；（*c*）生成嵌入幕墙

在创建好的幕墙中添加网格和竖梃，在项目浏览器中打开立面视图。单击"建筑"中的"幕墙网格"，显示"修改｜放置幕墙网格"，如图 2-90 所示。

单击修改面板中的"全部分段"，在立面图中靠近幕墙右边边缘，在状态栏显示"幕墙嵌板的三分之一"位置时单击鼠标左键，如图 2-91 所示。"全部分段"是在一面幕墙上放置整段的网格线段。采用相同的方法，在光标接近幕墙下边缘两个三分一处分别创建网格。幕墙网格样式分为垂直网格和水平网格，此处幕墙网格为规则分布，也可以直接在类型属性中设置垂直网格和水平网格的布局、间距。

在三维视图中选择幕墙网格，单击开锁标记，可以使用临时尺寸标准来调整间距，通过按下 Tab 键可以选择不同的网格。如图 2-92 所示，选中放置好的网格，在"修改｜放置幕墙网格"下会出现"添加/删除线段"命令，在需要删除的位置处单击，即可删除某段网格。反之，在某段缺少网格的位置上单击，可以添加网格。

网格创建完毕后，可以在网格的基础上添加竖梃。Revit 提供的"竖梃"命令为幕墙网格创建个性化的幕墙竖梃，竖梃的放置必须依赖幕墙网格线。单击"建筑"中的"竖梃"命令，打开"修改｜放置竖梃"，默认选择"网格线"。如图 2-93 所示，单击"全部网格线"，在"属性"栏中选择"矩形竖梃 50×150mm"在立面图中单击幕墙上的网格之后即生成竖梃，如图 2-94 所示。幕墙边界线也属于幕墙网格线，所以可见幕墙的边缘线也添加了竖梃。

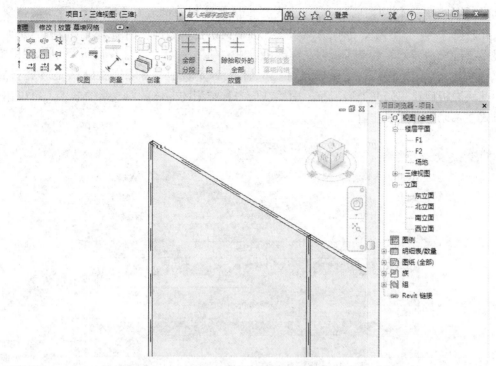

图 2-90　修改｜放置幕墙网格

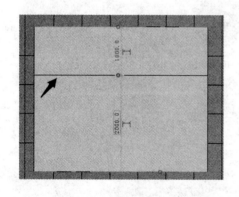

图 2-91　创建网格

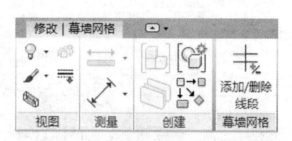

图 2-92　添加/删除线段

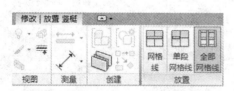

图 2-93　选择"全部网格线"

图 2-94　幕墙竖梃添加

当添加网格后，幕墙就会自动划分出多块嵌板，可对其进行编辑。可以用 Tab 键帮助选择幕墙构件，鼠标移到幕墙旁，会高亮预显要选择的部分，不断点击 Tab 键，预显就会在竖梃、幕墙、网格、嵌板之间切换，屏幕提示栏也会出现当前预显部分的名字。当预显至要选择的部分时，单击鼠标左键即可选中。如图 2-95 所示，在嵌板类型属性栏中，可以修改其偏移量、嵌板的厚度以及材质。如图 2-96 所示，幕墙嵌板默认是玻璃材质，选中某块嵌板后在其属性类型下拉栏中挑选任一种类型的墙体替换成新的嵌板，可以用这种方式在幕墙上开门或开窗。

图 2-95　嵌板类型属性

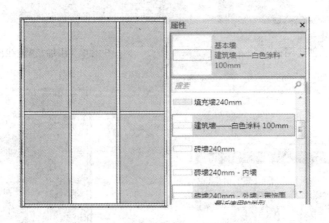

图 2-96　替换后的嵌板

例如，在之前绘制的幕墙上绘制两扇双开玻璃门，此时需要载入门嵌板族。在功能区选择"插入＞载入族"，在系统自带的中选择"建筑 \ 幕墙 \ 门窗 \ 嵌板"，在"嵌板"下选择"门嵌板-双开门"，单击载入到文件中。按 Tab 键选中需要替换为门的玻璃嵌板，按住"Ctrl"键还可加选，在类型下拉列表中选择刚刚载入的"门嵌板-双开门"族，即完成替换，如图 2-97 所示。

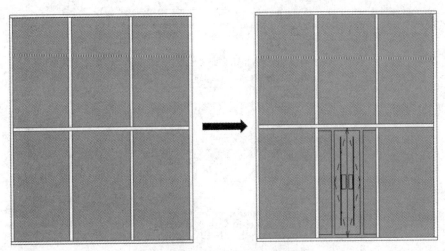

图 2-97　替换门嵌板

5. 门窗

门窗是建筑中常用的构件。在 Revit 中，门窗必须基于墙放置，这种基于主体图元的构件称为"基于主体的构件"。当墙体删除时，门窗也随着删除。门窗属于可载入族，在现有族文件中选择合适的族文件载入到项目中，也可以根据门窗的族样板定制族，这样才可以在项目中使用。常规门窗的创建操作简单，选择需要的门窗类型在墙上单击捕捉插入点位置即可放置。

（1）放置门

在 Revit 中打开之前完成的墙项目文件。在 F1 平面视图，单击功能区中"建筑"下的"门"命令，功能区显示"修改 | 放置门"，如图 2-98 所示。使用门工具可以在项目中添加任意形式的门。在属性栏的类型下拉列表中选择需要的门类型，将"底高度"设置为"0"，其他参数默认，如图 2-99 所示。

图 2-98　修改 | 放置门

将光标移至绘图区域，当光标显示十字符号时表示可以在墙上放置门，此时会出现门轮廓预览，单击鼠标左键确定完成放置。如图 2-100 所示，表示可以在此处放置门。插入门时输入"SM"可以自动捕捉中点放置。若在放置时出现位置反向的情况，此时选中放置好的门，会出现两个转换符号和临时尺寸，如图 2-101 所示，单击转换符号可以调整门

图 2-99 门属性面板

开启的方向，也可以单击空格键调整方向。单击并拖动临时尺寸标注的圆点或修改其数值可以调整门的位置。

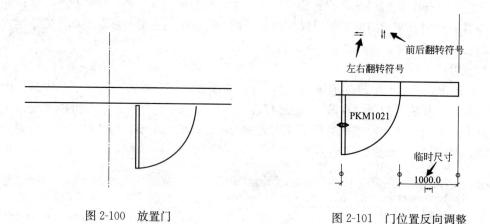

图 2-100 放置门　　　　　　　　图 2-101 门位置反向调整

选择该门图元，单击"属性"面板中的"编辑类型"选项，打开"属性类型"对话框，如图 2-102 所示。在"类型属性"中，可以根据项目需要对门的基本参数，例如材质和尺寸标注进行修改，建议读者先复制该族类型，再修改复制后的族类型的参数，而不直接在原有的族类型的基础上进行修改。单击"类型属性"对话框左下角的"预览"按钮，可以在未放置到项目之前查看门的样式，还可以选择在不同的平面和三维显示样式。

（2）放置窗

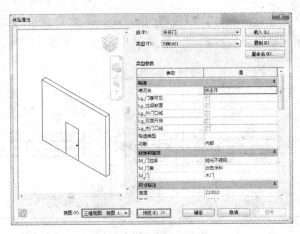

图 2-102　门类型属性

　　放置窗的步骤和上述放置门的步骤相同，选择窗类型后指定窗在主体图元上的位置，Revit 将在墙上自动剪切洞口放置窗。

　　在 F1 平面视图中，选择功能区"建筑"下的"窗"命令，如图 2-103 所示，在属性栏的下拉列表中选择需要的窗类型。在对话框中，还可以设置相关的参数，这些参数和门"类型属性"对话框中的参数基本相同，可以参照门的类型属性对窗的类型属性进行设置。在"属性"面板中设置"底高度"，"底高度"是指窗台高，输入项目要求的窗台高"900"，如图 2-104 所示。

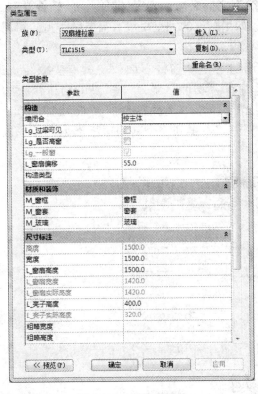

图 2-103　窗类型属性

图 2-104　窗属性面板

将光标移至需要放置窗的墙体，与放置门的方法一样，如图 2-105 所示，当光标显示十字符号时单击鼠标左键即可完成放置。在建筑中需要放置多个门窗，建议多使用修改中的复制与阵列命令进行创建。

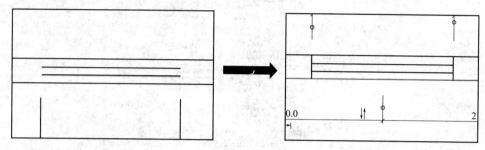

图 2-105　放置窗

6. 楼板

楼板是建筑设计中常用的水平构件，起到划分楼层空间的作用。在 Revit 中楼板属于平面草图绘制构件，其与之前创建单独构件的绘制方法不同。与墙类似，楼板属于系统族，可以根据草图轮廓和类型属性中的定义生成任意结构和形状的楼板。Revit 提供了四个楼板相关的命令："楼板：建筑"、"楼板：结构"、"面楼板"、"楼板边缘"。"建筑楼板"实际上是"结构楼板"上覆盖的装饰面层，在实际工程项目中并不存在。本节介绍建筑楼板的创建，即楼板的装饰面层部分。

添加楼板的方式与添加墙的方式类似，在绘制之前必须预先定义好需要的楼板类型。在 Revit 自带的项目样板中，有预设楼板类型。如果默认的类型里没有需要的类型，可以新建类型。

如图 2-106 所示，选择功能区"建筑"选项卡下"构件"面板中的"楼板"，在"楼板"命令下拉列表中选择"楼板：建筑"命令，功能区显示"修改｜创建楼板边界"，如图 2-107 所示。在"属性"面板的类型选择器中选择需要的楼板类型，单击"编辑类型"，在"类型属性"对话框中点击"复制"，得到一个新的楼板类型，并可以修改楼板名称。

图 2-106　建筑楼板命令

如图 2-108 所示，在"类型属性"对话框中单击"编辑"按钮，打开"编辑部件"对话框，楼板层设置方法与墙类似，可以参照前面墙构造设置的方法。设置完成后如图 2-109所示。

图 2-107　修改｜创建楼板边界

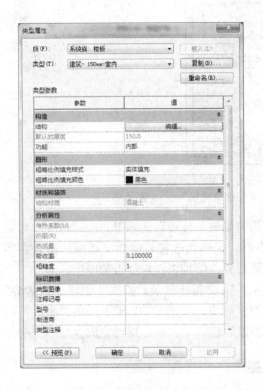

图 2-108　楼板类型属性

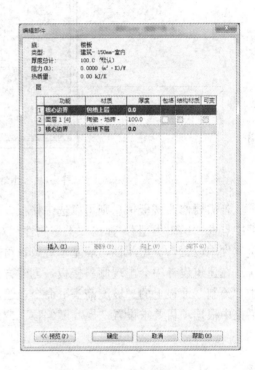

图 2-109　建筑楼板层设置

　　在创建楼板时要注意，不同标高位置的楼板要分开创建。楼板边界的绘制方式和墙类似，包括"直线"、"矩形"、"多边形"等工具。本节采用"拾取墙"命令，直接拾取视图中已创建的外墙来创建楼板边界。在选项栏中设置"偏移量"为"0"，勾选"延伸到墙中（至核心层）"选项，如图 2-110 所示。"延伸到墙中（至核心层）"是指拾取墙时将拾取到有涂层和构造层的复合墙的核心位置边界。

图 2-110　设置楼板边缘偏移值

　　鼠标依次单击墙完成楼板轮廓线，要注意楼板边界轮廓必须是闭合的图形。若出现交叉线条，可利用"修改"面板中的"修剪"命令进行编辑，形成闭合楼板轮廓。绘制完成后，单击功能选项卡"修改｜创建楼板边界"里的绿色对勾按钮，完成编辑模式即可生成楼板，如图 2-111 所示。注意楼板轮廓可以有一个或多个，但不可以出现开放、交叉或重叠的情况。

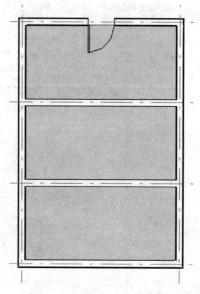

图 2-111　由墙生成的建筑楼板

若需要修改楼板信息则可以选中楼板，激活"修改｜楼板"选项卡，在"属性"对话框中点选"编辑类型"，弹出"类型属性"对话框，编辑修改楼板参数。楼板标高是在实例属性中设置，类型属性与墙基本一致，可以通过修改结构来设置楼板的厚度。

在建筑设计中会出现倾斜楼板，创建方法是单击功能选项卡"修改｜创建楼板边界"中"绘制"面板上的"坡度箭头"命令，绘制坡度箭头，如图 2-112 所示。在"属性"对话框中根据项目要求设置"尾高度偏移"或"坡度"值，单击确定即可完成。

图 2-112　斜楼板创建

如果上下楼板完全一致，可以使用剪切面板上的"复制到剪贴板"命令。单击绘制完成的楼板，在"修改｜楼板"选项卡下，点选"剪贴板"面板上的"复制到剪贴板"命令，激活"粘贴"命令，如图 2-113 所示。点击下拉菜单，选择"与选定标高对齐"，选择目标标高名称楼板就会自动复制到所选楼层，如图 2-114 所示。

图 2-113　复制到剪贴板

图 2-114　选择楼层标高

在 Revit 中还可以采用专门的"洞口"命令在楼板上开洞，如图 2-115 所示。"洞口"提供"按面"、"垂直"和"竖井"几种开洞方式。"按面"创建垂直于楼板面的洞口，"垂直"创建垂直于楼板标高的洞口，而"竖井"可以创建贯穿多层的洞口。不管用哪一种方式开洞，都要注意绘制洞口轮廓时确保轮廓不超出楼板边界线，即楼板边界线要包括洞口轮廓。例如要为楼层之间的管井开洞，应使用"竖井"。"竖井"是有纵向深度的构件可以在其设置顶部和底部的标高值，属性栏如图 2-116 所示。

图 2-116　竖井洞口设置

图 2-115　用"洞口"功能开洞

2.2.4　图纸的生成

在 Revit 中，每一个平面、立面、剖面、透视、明细表都是一个视图。各自视图的视图属

性控制各图的显示，不影响其他视图。这些显示包括可
见性、线型线宽、颜色等控制。

1. 平面图

（1）详细程度

在不同建筑设计图纸的表达中，不同的图纸比例
是有所区别的，一般平面图纸按 1∶100 绘制，详图
按 1∶20 至 1∶50 绘制，所以要对视图进行详细程度
的设置。

在绘图区左下方视图控制栏或楼层平面属性栏
中，可见"详细程度"选项，在其下拉菜单中，可
以选择"粗略"、"中等"或"精细"三种不同的详
细程度。通过预定义，可在不同的视图比例下区分
表达构件信息，即可以影响不同视图比例下同一几
何图形的显示，如图2-117所示。也可以在绘图区下方选择绘图的"详细程度"，如图
2-118所示。

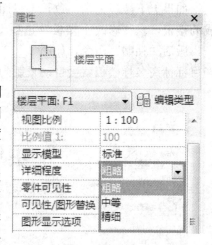

图 2-117 属性栏详细程度设置

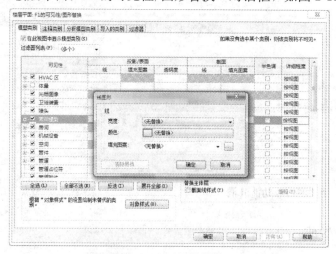

图 2-118 绘图区详细程度设置

以结构框架为例，当以粗略程度显示时，它会显示线；以中等或精细程度显示时，则
会显示更多的几何图形。

（2）可见性替换

在图纸表达中，常常要控制不同对象的视图显示与可见性，以机电专业为例，当多系
统管线绘制于同一文件但需单独出图时，需要控制不同系统的显示状态，这时可以利用
"可见性/图形替换"功能。

打开视图属性栏，单击"可见性/图形替换"后的"编辑"按钮，或通过快捷键
"VV/VG"打开"楼层平面：F1 的可见性/图形替换"对话框，如图 2-119 所示。

图 2-119 可见性替换

在对话框的"可见性"一栏可以查看各构件的显示状态，勾选即为可见，取消勾选则为隐藏。构件的显示形式可在"投影/表面"和"截面"中进行调整，包括宽度、颜色、填充图案、半色调、透明等。如果已经替换了某个类别的图形显示，单元格会显示图形预览；如果没有对任何类别进行替换，单元格会显示空白，图元按照"对象样式"中对话框中的内容显示。"注释类别"选项卡也可以控制注释构件的可见性，通过调整"投影/截面"的线、填充样式以及是否半色调来显示构建。"导入的类别"选项卡，控制导入对象的可见性、填充、色调。

（3）过滤器

可以应用过滤器工具，设置过滤器规则，完成图面构件筛选。

单击"视图"下的"可见性/图形替换"，选择"过滤器"，进入"过滤器"对话框，如图 2-120 所示。

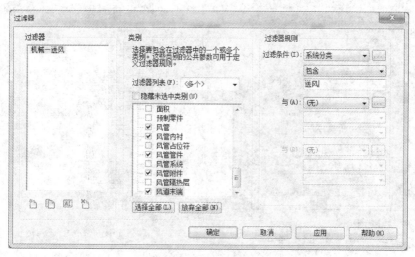

图 2-120　过滤器

在"过滤器"对话框中单击"新建"可以创建新的过滤器，单击"编辑"选择现有过滤器进入编辑界面。在"类别"选项卡中选择过滤器要包含的一个或多个类别，如对风系统的筛选包括风管、风管内衬、风管管件、风管附件、风管隔热层和风管末端。在"过滤器规则"选项卡中，可以设置"过滤条件"参数，即通过何种参数筛选构件。以送风系统为例，在"系统分类"后单击"包含"然后选择"送分"，单击"确定"退出。从"过滤条件"下拉列表中选择过滤器的运算符号，如"小于或等于"。在"过滤器"选项卡下单击"添加"按钮可添加使用已经设置完成的过滤器，控制该过滤器所包含内容的可见性等。

（4）图形显示选项

单击属性栏"图形显示选项"后的"编辑"按钮，如图 2-121 所示，在弹出的"图形显示选项"对话框中可在"线框"、"隐藏线"、"着色"、"一致的颜色"、"真实"等选项中切换。还可以在视图平面激活状态下单击绘图区左下方视图控制栏中的"图形显示选项"，此方法适用于所有类型的视图。

（5）基线

基线是绘图的参照线与参照面，通过基线的设置可以看到建筑物内楼上或楼下各层的平面布置，可作为设计参考。

在绘图区域单击鼠标右键，在弹出的菜单中选择"视图属性"，打开楼层平面的"属性"对话框,如图 2-122 所示。通过基线设置可在当前平面视图下显示另一个模型片段,该模型片段可以从当前层上方或者下方获取。以供暖系统的绘制为例,对于散热器位于本层地面、主干管位于下层吊顶的情况,建模或出图时需在本层看到下一层的干管,此时调整"基线",在视图"属性"栏中,单击"基线"在下拉菜单中切换设置。

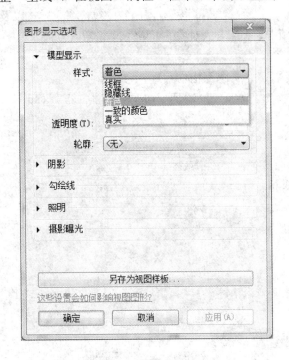

图 2-121　图形显示选项

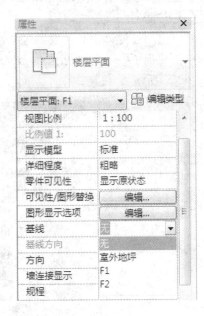

图 2-122　基线设置

(6) 视图范围

视图范围是可以控制视图中对象的可见性和外观的一组水平平面,水平平面为"顶部平面"、"剖切面"、"底部平面"。顶剪裁平面和底剪裁平面表示视图范围的最顶部和最底部,剖切图是确定视图中某些图元可视剖切高度的平面。在视图属性栏"视图范围"中单击"编辑",进入视图范围对话框,如图 2-123 所示。在该对话框中可完成对本层视图范围、深度的调整。默认情况下,视图深度与地面平面对齐。

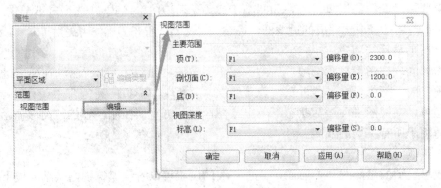

图 2-123　视图范围设置

（7）视图样板

在"属性"栏中单击"视图样板"，为各视图制定样板。视图样板用于视图打印以及导出前对输出结果的设定。在项目浏览器的图纸名称上单击鼠标右键，选择"应用样板属性"可以对视图样板进行设置，如图 2-124 所示。

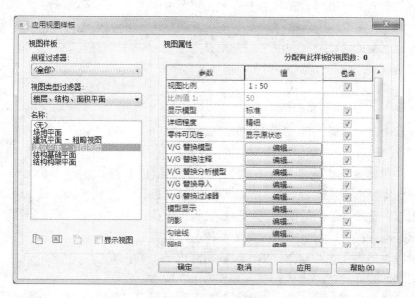

图 2-124　应用样板设置

2. 立面图

（1）创建立面

系统默认情况下含有东、南、西、北 4 个立面，可以利用"立面"命令创建另外的内部和外部立面视图。单击"视图"选项卡下"创建"面板中的"立面"按钮，在光标尾部会显示立面符号。在绘图区域中将光标移至合适的位置放置，自动生成立面视图。单击立面符号，将显示蓝色虚线表示的视图范围。拖拽控制柄调整视图范围，包含在该范围内的视图构件可以在创建中的立面视图中显示。立面符号不可随意删除，删除符号的同时也会将相应的立面一同删除。如要扩大绘图区域需要移动立面符号时，注意要全部框选立面符号，否则绘图区域范围可能没有变动，移动立面符号后还需要调整绘图区域的大小和视图深度。

选中立面符号，单击"修改"选项卡中的"图元属性"按钮，可以打开立面是"属性"对话框，在对话框中修改视图设置。

（2）创建框架立面

在项目中需创建垂直于斜墙或斜工作平面的立面时，可以创建一个框架立面来辅助设计。注意：在视图中已有轴网或已命名的参照平面时，才能添加框架立面视图。

在"视图"选项卡下"创建"面板中"立面"下拉列表中选取"框架立面"工具，将框架立面符号垂直于选定的轴线或参照平面并沿着要显示视图的方向单击放置，自动生成立面图，此时项目浏览器中也会同时添加该立面。

（3）创建平面区域

平面区域是用于当部分视图由于构件高度或者深度不同需要设置与整体视图不同的视图范围而定的区域，可用于拆分标高平面，也可用于显示剖切面上方或者下方的插入对象。

在"视图"选项卡下"创建"面板打开"平面视图"下拉列表，选择"平面区域"工具，在绘制面板上选择绘制方式，单击"图元"面板中的"平面区域属性"，弹出"属性"对话框。单击"视图范围"后的"编辑"按钮，调整绘图区域内的视图范围，以便该范围内的构件在平面中正确显示，如图 2-123 所示。

3. 剖切面

（1）创建剖切视图

选择"视图"选项卡下的"创建"，单击"剖面"工具，在类型选择器中选择"详图"、"建筑剖面"或"墙剖面"，如图 2-125 所示。

在选项栏中选择一个视图比例，将光标放在剖面的起点处，拖动光标穿过模型或族，当到达剖面终点时单击鼠标，完成剖面的创建。选择已绘制的剖面线，屏幕上将显示蓝色剖面框，用鼠标拖动虚线可以调整视图的宽度和深度。单击查看方向控制柄可以翻转视图查看方向。单击线段间隙符号，可在缝

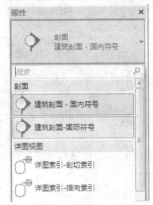

图 2-125　剖面创建

隙或连续的剖面线样式之间完成切换，如图 2-126 所示。在项目浏览器中自动生成剖面图，双击视图名称打开剖面视图。修改剖面框的位置、范围、查看方向时可实现剖面视图的自动更新。

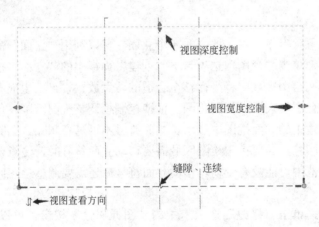

图 2-126　剖面编辑

4. 三维视图

（1）创建透视图

在平面视图中选择"视图"选项卡，在"创建"面板下的"三维视图"下拉列表中选择"相机"选项。在"选项栏"中设置相机的"偏移量"，即在当前视图下用鼠标单击依次拾取相机位置点，拖拽鼠标再依次拾取相机目标点，自动生成并跳转至透视图。

点击视图剪裁区域的蓝色方框，移动蓝色控制点调整视图大小到合适范围，此操作用

于粗调。如遇精细调整视图框尺寸，应选中视图框并选择"修改/相机"选项卡，单击"裁剪"面板上的"尺寸裁剪"按钮，在弹出的"裁剪区域尺寸"中精确调整视图框的尺寸，如图 2-127 所示。

图 2-127　裁剪区域调整

（2）修改相机位置、高度与目标

同时打开平面、立面、三维、透视视图，选择"视图"选项卡下的"窗口"面板，单击"平铺"，或者使用快捷键"WT"平铺所有视图。单击透视视图范围框，激活相机位置，这样各视图均显示相机和相机查看方向。单击范围框，在"属性"对话框中可以查看和修改"视点高度"、"目标高度"等参数值，或者在平面、立面、三维视图中拖动相机、控制点，调整相机位置、高度和目标位置。

（3）轴侧图的创建

从项目浏览器或者"视图"选项卡进入"三维视图"，单击 ViewCube 立方体顶角或者将鼠标移至立方体并单击其左上角的主视图控制标志，选择适当角度创建轴侧图，如图 2-128 所示。

（4）使用"剖面框"创建三维剖切图

创建轴侧图作为新的演示视图，在绘图区单击鼠标右键，在弹出的快捷菜单中选择"视图属性"命令，在视图属性对话框"范围"项中勾选"剖面框"。拖动剖面框上的蓝色三角夹点，调整剖面框范围

图 2-128　ViewCube
立方体

到需要的楼层或侧面剖切位置，生成剖切等轴侧演示视图。待剖切位置与剖切范围调整完成后，隐藏剖面宽以便于出图。选择剖面框并单击鼠标右键，在弹出的快捷菜单中依次选择"在视图中隐藏"—"图元"命令。

2.3　Revit 机电设备系统制图基本原理

2.3.1　新建项目

系统设计包括水、暖、电三部分系统的设计。系统设计是基于建筑、结构模型进行的，所以在 Revit 中进行系统设计时，要在已有的建筑、结构模型的基础上进行设计，或

者要先链接建筑、结构模型，并对链接文件进行基本设置，再进行系统设计。本书仅以暖通空调系统的设计为例，进行说明。

1. 新建项目

单击"应用程序菜单"左上角 Revit 按钮，在下拉列表中选择"新建""项目"选项，系统打开"新建项目"对话框。单击"浏览"按钮，选择项目样板后单击"确定"按钮即可创建新的项目。

2. 链接模型

链接模型可以让工作组成员在不同的专业项目文件中共享设计信息。在项目信息设置完成后，链接其他专业的项目模型，应用"复制/监视"功能监视链接模型的修改。

新建项目后，单击功能区的"插入"按钮，在"链接"选项板中单击"链接 Revit"，打开"导入/链接 RVT"对话框，如图 2-129 所示。在对话框中选择要链接的 Revit 模型，并指定相应的定位方式。单击右下角的"打开"按钮，模型就会链接到项目文件中。

图 2-129　导入/链接 RVT 对话框

2.3.2　暖通空调系统设计

1. 负荷计算

Revit 中内置的负荷计算工具基于美国 ASHRAE 的负荷计算标准，采用热平衡法（HB）和辐射时间序列法（RTS）进行负荷计算。该工具可以自动识别建筑模型信息，读取建筑构件的面积、体积等数据并进行计算。

（1）基本设置

要进行建筑的负荷计算，首先要设置项目所处的地理位置、建筑类别和构造类型等基本信息。

当建立项目时，使用与项目距离最近的主要城市或项目所在地的经纬度来指定地理位置，根据地理位置确定气象数据，开始负荷计算。选择功能区的"管理"选项卡，单击"设置"面板中的"项目信息"按钮，打开"项目属性"对话框。如图 2-130 所示，点击"能量设置"参数右侧的"编辑"按钮。在打开的"能量设置"对话框中，单击"位置"右侧的"浏览"按钮，打开"位置、气候和场地"对话框，如图 2-131 所示。在该对话框中可以对位置、气候和场地进行设置。

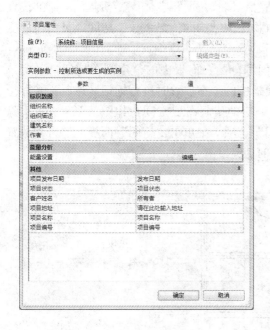

图 2-130　项目属性对话框

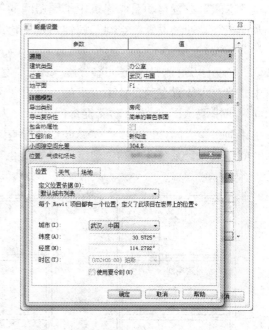

图 2-131　位置、气候和场地对话框

　　然后进行建筑/空间类型设置，在"管理"选项卡下单击"设置"面板中的"MEP 设置"下拉按钮，选中"建筑/空间类型设置"，打开其对话框，如图 2-132 所示。对不同建

图 2-132　建筑/空间类型设置

筑类型及空间类型能量进行参数分析，例如室内人员散热、照明设备的散热及同时使用系数参数等，默认参数值均参照美国 ASHRAE 手册。在计算时，根据不同地区标准规范及实际项目的设计要求，对各个能量分析参数进行调整。

（2）空间

Revit 通过为建筑模型定义"空间"存储用于项目冷热负荷分析计算的相关参数。通过"空间"放置自动获取建筑中不同房间的信息：周长、面积、体积、朝向、门窗的位置及面积等。通过设置"空间"属性，定义建筑物围护结构的传热系数、房间人员负荷等能耗分析参数。

Revit 切换至"分析"选项卡，单击"空间和分区"面板中的"空间"按钮，确定选中"修改 | 放置空间"选项卡下的"编辑"面板中的"在放置时进行标记"选项。光标指向建筑模型，Revit 将自动捕捉房间边界，为响应的房间布置空间，如图 2-133 所示。除了手动布置空间，还可以在"修改 | 放置空间"选项卡中单击"空间"面板的"自动放置空间"选项，系统会自动创建空间，如图 2-134 所示。

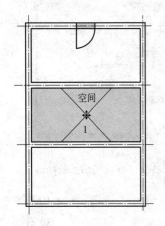
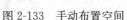
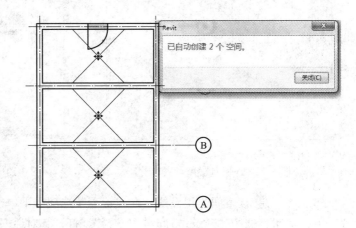

图 2-133　手动布置空间　　　　　　　图 2-134　自动创建空间

空间放置完成后，需要对各个空间的能量分析参数进行设置。可以通过两种途径设置空间的能量分析参数，一种是在空间属性中进行设置，另一种是在空间明细表中进行设置。选中当前视图中的任意空间，在"属性"面板中编辑"能量分析"选项组中的参数，如图 2-135 所示。

（3）分区

分区是各空间的集合，可以由一个或多个空间组成。创建分区之后可以定义具有统一环境（温度、湿度）和设计需求的空间。使用相同空调系统的房间或者空调系统中使用同一台空气处理设备的空间可以指定为同一分区。新创建的空间会自动放置在"默认"分区下。所以在进行负荷计算之前要为空间指定好分区。

在"分析"选项卡中点击"空间和分区"面板上的"分区"按钮，打开"编辑分区"选项卡，确定选中"模式"面板上的"添加空间"，如图 2-136 所示。光标指向空间时会显示空间范围，单击建立分区，具有相同环境和建筑需求的空间会添加到分区中。单击"编辑分区"面板上的"完成编辑分区"按钮，将光标移向分区中某个空间就会显示该分

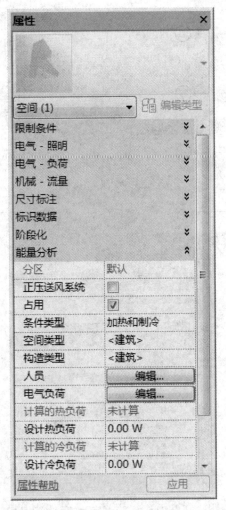

图 2-135　空间属性面板

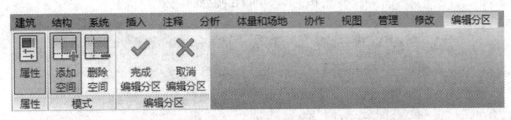

图 2-136　建立分区

区，如图 2-137 所示。

　　建立不同的分区后，可以通过系统浏览器检查分区。在"视图"选项卡中，启用"用户界面"中的"系统浏览器"选项，打开"系统浏览器"面板，如图 2-138 所示。

　　单击"系统浏览器"面板右上角"列设置"按钮，在打开的"列设置"对话框中启用"列"列表中"常规"选项组，可以查看分区的总空间信息，如图 2-139 所示。单击"确定"可在"系统浏览器"对话框中查看分区中的空间信息，如图 2-140 所示。

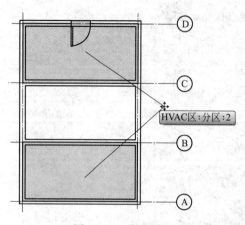

图 2-137　分区显示

图 2-138　系统浏览器面板

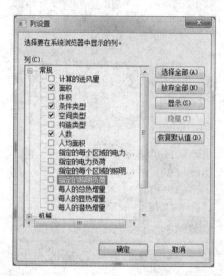

图 2-139　列设置对话框

图 2-140　查看分区中的空间信息

在"系统浏览器"面板中单击选中任一分区，可在"属性"面板中查看与编辑该分区的参数属性。特别是"能量分析"参数组中的各个参数，如图 2-141 所示。

（4）热负荷和冷负荷

完成建筑类型、空间和分区的设置后，可以根据建筑模型进行负荷计算。在"分析"选项卡中单击"报告和明细表"面板中的"热负荷和冷负荷"按钮，可以打开"热负荷和冷负荷"对话框，如图 2-142 所示。在正确设置常规选项卡的各项信息后，即可得到点击计算按钮，得到负荷计算书。

2. 空调风系统

空调系统是用人为的方法处理室内空气的温度、湿度、洁净度和气流速度的系统，分为空调风系统和空调水系统。空调系统可使某些场所获得具有一定温度、湿度、空气质量的空气，以满足使用者及生产过程的要求和改善劳动卫生和室内气候条件。

选择空调系统时，应考虑建筑物的用途、规模、使用特点、负荷变化情况和参数要求、所在地区气象条件和能源状况等，技术经济比较确定。由于 Revit 2016 暖通空调设计流程的灵活性与多样性，在设计时可以根据实际情况调整顺序。

图 2-141　能量分析参数组

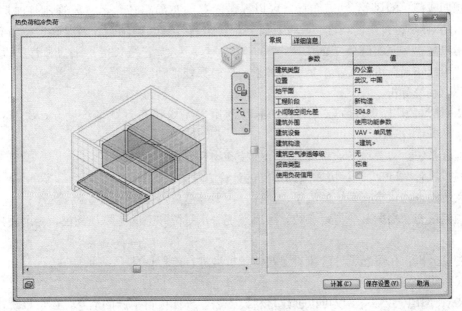

图 2-142　热负荷和冷负荷对话框

（1）项目准备

Revit 打开项目文件，根据建筑的朝向、形状、分隔合理划分空间，分区指定完成后便可进行负荷计算。然后根据负荷计算结果和空调系统形式,将项目需要的构件族载入到项目中,例如风机盘管、风口、风管配件、阀门、管路配件等,还可以根据项目需要对项目文件中的构件族库进行修改和新建。在空调风系统设计时要根据载入的风管管件族,对风管类型及不同风管系统类型进行配置。

(2) 设备布置

明确区域空调系统是由哪几种空调构件组成,然后根据建筑布局将构件设备正确放置在分区内。例如将送风口布置在需要送风房间的顶棚上,吊顶式风机盘管布置在吊顶内,新风机组安装在空调机房内。

(3) 系统创建

Revit MEP 通过逻辑连接和物理连接两方面实现空调系统的设计。逻辑连接是指Revit 中设备之间的从属关系,从属关系通过族的连接件进行信息传递,所以设备之间的逻辑关系实际上就是连接件之间的逻辑关系。在 Revit 中,正确设置和使用逻辑关系对于系统的创建和分析起着重要的作用。

这里系统设备的创建指的是设备逻辑关系的创建。创建了逻辑关系需要从"子"级设备开始,再将"父"级设备通过"选择设备"命令添加到系统中。

(4) 系统布管

系统逻辑连接完成后,就可以进行物理连接。物理连接是指完成设备之间的风管/管道连接。逻辑连接和物理连接良好的系统才能被 Revit MEP 识别为一个正确有效的系统,进而使用软件提供的分析计算和统计功能来校核系统流量和压力等设计参数。

完成物理连接有两种方法:一种是使用 Revit MEP 提供的"生成布局"功能自动完成风管/管道布局连接;另一种方法是手动绘制风管/管道连接。"生成布局"功能适用于项目初期或简单的风管/管道布局,可以提供简单的布局路径,示意风管/管道的大致走向,粗略对风管/管道的长度、尺寸和管路损失进行计算。当项目比较复杂、设备数量很多或用户需要按照实际施工的图集制图,精确计算风管/管道长度、尺寸和管路设备时,使用"生成布局"可能无法满足设计要求,此时只能手动绘制风管/管道。

(5) 系统分析

Revit MEP 提供多种分析检查功能帮助用户完成暖通空调系统设计,主要有以下几种:

检查系统:检查设备连接件的逻辑连接和物理连接。

调整风管/管道大小:可以根据不同的计算方法自动计算管路的尺寸。

系统检查器:检查系统的流量、流速、压力等信息。

颜色填充:根据某一指定参数,为风系统、水系统和空间等添加颜色,协助用户分析检查。

能量分析:在概念设计阶段对建筑体量模型进行能耗评估。

(6) 明细表

Revit MEP 明细表不仅可以创建材料设备表,统计项目中族的信息,还可以统计系统信息。单击"分析"面板下的"明细表/数量",打开如图 2-143 所示的"新建明细表"对话框,可以根据需要选择明细表的类别。Revit 提供了多种明细表类别,其中暖通空调风系统设计中常用的明细包括机械设备、风管、风管内衬、风管占位符、风管隔热层、风道末端、管件、管路附件、管道、管道系统、软管等，每种类别的可用字段不同。

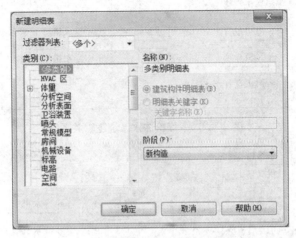

图 2-143　新建明细表对话框

3. 空调水系统

空调水系统包括冷冻水系统和冷却水系统两部分。不同的空调水系统在 Revit 中对应的管道系统分类不同。项目文件中的管道系统分类与族文件连接件设置的系统形式相对应。如表 2-4 所示，列出了暖通专业常用的水系统对应的 Revit 管道系统分类。

暖通专业常用水系统与 Revit 的管道系统分类对照表　　　　　　　　　　　表 2-4

暖通专业常用水系统	Revit 管道系统分类	特　　点
冷却水/冷冻水/供暖的供水	循环供水	介质为水,闭式系统
冷却水/冷冻水/供暖的回水	循环回水	介质为水,闭式系统
冷剂供/回、蒸汽供/回、燃气供/回	其他	介质为非水的流体
冷水排水、泄水	卫生设备	介质为水,开式系统
补水	家用冷水	介质为水,开式系统
可用于多种系统	全局	介质不限,可用于多种系统形式泵等加压传输设备和阀门等管路附件

空调水系统设计流程和方法与空调风系统大致相同。以风机盘管冷冻水供、回水系统为例，说明空调水系统逻辑连接与物理连接的设计关键点。

根据负荷计算确定空气处理设备的冷量和风量，根据确定的空气处理设备查找样本确定冷冻水量，再根据冷冻水量选择冷水机组及需要的供、回水设备，然后将项目所需要的族载入到项目文件中。布置相应的设备后，根据"父子"关系的逻辑原则创建系统。空调水系统管路通常比较复杂，在 Revit 中可能需要创建多级"父子"关系的逻辑连接。

冷冻水从冷水机组流出后直接进入风机盘管，这时只需要创建一级冷冻水系统。风机盘管作为冷冻水消耗系统，在系统中处于"子"级；冷冻机组作为冷冻水的处理设备，在系统中处于"父"级。从风机盘管连接件开始创建系统，冷水机组作为设备，逻辑关系如图 2-144 所示。如果冷冻水出冷水机组之后，先经过分集水器再分配给风机盘管，则需要建立二级冷冻水系统，逻辑关系如图 2-145 所示。

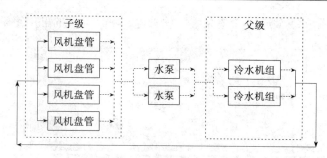

图 2-144　一级冷冻水系统逻辑关系

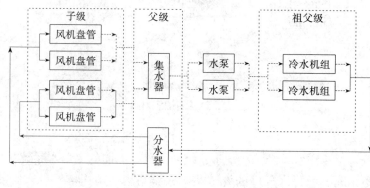

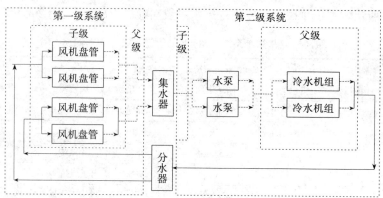

图 2-145　二级冷冻水系统逻辑关系

不管是一级系统还是二级系统，水泵作为加压传输设备，在系统中既不属于"子"级设备，也不属于"父"级设备。与管路附件相同，水泵与系统管道连接即可参与系统计算，不需要添加到供、回水的逻辑系统中。水泵连接件设置的正确与否是水泵是否正确应用到水系统的关键。表 2-5 列出了不同情况下水泵连接件的设置。

水泵连接件设置 表 2-5

使用工况	几台水泵并联使用		单台水泵	
连接件设备	进口连接件	出口连接件	进口连接件	出口连接件
系统形式	全局	全局	全局	全局
流量配置	系统	系统	计算	计算
流量系数	水泵额定流量/系统流量	水泵额定流量/系统流量	无	无

续表

使用工况	几台水泵并联使用		单台水泵	
连接件设备	进口连接件	出口连接件	进口连接件	出口连接件
流向	进	出	进	出
半径	泵进口半径	泵出口半径	泵进口半径	泵出口半径
连接件说明	自定义说明文字	自定义说明文字	自定义说明文字	自定义说明文字

完成空调水系统的逻辑创建后，就可以进行管道的物理连接。管道的连接方式与风管类似，可以使用自动布局，也可以手动绘制。设计过程中可以使用"碰撞检查"工具来协调主要建筑图元与系统。使用"碰撞检查"可以快速准确地确定某一项目的图元之间或主体项目和链接模型中的图元是否相互碰撞，防止冲突，降低建筑变更或成本超限的风险。在 Revit 中，需要进行碰撞检查的图元有：结构大梁和檩条、建筑柱、结构支撑和墙、门和窗、屋顶和楼板、专用设备和楼板、当前模型中的 Revit 链接模型和图元。

第3章 族的创建基本方法

在 Revit 中，族是组成项目的构件，同时是参数信息的载体。本书所述的工程结构体的创建就应用到了创建族的相关知识。掌握族的创建和使用有利于有效运用 Revit 软件，有利于更好地理解和掌握本书的后续内容。

本章主要介绍了创建族过程中涉及的基本术语、族编辑器以及参照平面和参照线，为后续章节的学习奠定基础。若读者对此部分内容有一定了解，可跳过本章内容的学习，直接进入后续章节的学习。

3.1 族样板

在开始创建族前，需要选择合适的族样板，其基本操作步骤是：

单击 Revit 界面左上角的"应用程序菜单"按钮→"新建"→"族"，在 Revit 2016 版本中，可以看到"标题栏"、"概念体量"、"注释"三个文件夹以及"公制常规模型"、"公制窗"等常用的族样板文件，根据实际需求，选择一个合理的 .rft 族样板文件。选择不同的族样板，会生成不同特性的族。Revit 2016 自带的族样板分类见表 3-1。

族样板分类 表 3-1

样板类型	族类别	族样板
标题栏	标题栏	A0 公制、A1 公制、A2 公制、A3 公制、A4 公制、新尺寸公制
概念体量	概念体量	公制体量
注释	注释	公制标高头、公制常规标记、公制常规注释、公制窗标记、公制电话设备标记、公制电气设备标记、公制电气装置标记、公制多类别标记、公制房间标记、公制高程点符号、公制火警设备标记、公制立面标记指针、公制立面标记主体、公制门标记、公制剖面标头、公制视图标题、公制数据设备标记、公制详图索引头、公制轴网标头
基于天花板的	常规模型	基于顶棚的公制常规模型
	电气装置	基于顶棚的公制电气装置
	机械设备	基于顶棚的公制机械设备
	照明设备	基于顶棚的公制聚光照明设备、基于顶棚的公制线性照明设备、基于顶棚的公制照明设备
基于墙的	窗	带贴面公制窗、公制窗、公制窗—幕墙
	门	公制门、公制门—幕墙
	常规模型	基于墙的公制常规模型
	橱柜	基于墙的公制橱柜
	电气装置	基于墙的公制电气装置
	机械设备	基于墙的公制机械设备
	照明设备	基于墙的公制聚光照明设备、基于墙的公制线性照明设备、基于墙的公制照明设备
	卫浴装置	基于墙的公制卫浴装置
	专用设备	基于墙的公制专用设备

续表

样板类型	族类别	族样板
基于楼板的	常规模型	基于楼板的公制常规模型
基于屋顶的	常规模型	基于屋顶的公制常规模型
基于线的	常规模型	基于线的公制常规模型
	详图项目	基于线的公制详图构件
基于面的	常规模型	基于面的公制常规模型
公制样板	体量	公制体量
	常规模型	公制常规模型、自适应公制常规模型
	幕墙嵌板	公制幕墙嵌板、基于公制幕墙嵌板填充图案、基于填充图案的公制常规模型
	环境	公制 RPC 族、公制环境
	场地	公制场地
	橱柜	公制橱柜
	电气设备	公制电气设备
	电气装置	公制电气装置
	机械设备	公制机械设备
	分隔轮廓	公制分区轮廓
	详图项目	公制详图构件
	植物	公制植物
	柱	公制柱
	专用设备	公制专用设备

如果在族样板中无法找到要创建的族的类别，此时一般选用"常规模型"族样板，若该创建的族不基于任何参照（如墙、面、线），则一般选用"公制常规模型"族样板。本书中所用到的族样板，均为"公制常规模型"族样板。

3.2　族编辑器概要

Revit 2016 的族编辑器采用的也是 Ribbon 界面，其界面的相关介绍可参见第 2.1.2 节，此处仅详细介绍族编辑器功能区的基本命令。族编辑器的功能区包括 6 个选项卡："创建"选项卡、"插入"选项卡、"注释"选项卡、"视图"选项卡、"管理"选项卡、"修改"选项卡。

1. "创建"选项卡

"创建"选项卡中包含了创建模型所需要的多种工具，其提供了选择、属性、形状、模型、控件、连接件、基准、工作平面、族编辑器 9 种功能，如图 3-1 所示。

（1）"选择"面板

"选择"面板用于进入选择模式，其提供了"选择链接"、"选择基线图元"、"选择锁定图元"、"按面选择图元"、"选择时拖拽图元" 5 个选项，见图 3-2。该面板在所有的选项卡中均出现。

图 3-1　"创建"选项卡

图 3-2　"选择"面板

（2）"属性"面板

"属性"面板提供了"属性"、"族类型和族参数"、"族类型"、"类型属性"4 个选项，用于查看和编辑所选对象的属性。该面板出现在"创建"选项卡和"修改"选项卡中。

（3）"形状"面板

"形状"面板提供了"拉伸"、"融合"、"旋转"、"放样"、"放样融合"、"空心"形状 6 个选项，提供了用户创建三维模型的工具。

"拉伸"命令是通过绘制一个封闭的拉伸端面并给予一个拉伸高度来建模的。"融合"命令可以将两个平行平面上不同形状的端面进行融合建模。"旋转"命令可创建围绕一根轴旋转而成的几何图形。"放样"用于创建需要绘制或应用轮廓并沿路径拉伸此轮廓的族的一种建模方法。"放样融合"命令可以创建具有两个不同轮廓的融合体，然后沿路径对齐进行放样。"空心形状"用于创建各种空心模型，包括上述各命令可实现的模型类型。

（4）"模型"面板

"模型"面板提供了"模型线"、"构件"、"模型文字"、"洞口"、"模型组"5 个选项，用于创建一组定义的图元或者将一组图元放置于当前视图中。

（5）"控件"面板

"控件"面板用于族的控件的添加，以实现族在项目中垂直或水平方向的修改，其控制点类型包括"单向垂直"、"双向垂直"、"单向水平"、"双向水平"。

（6）"连接件"面板

"连接件"面板提供了"电气连接件"、"风管连接件"、"管道连接件"、"电缆桥架连接件"、"线管连接件"5 个选项。在族上添加连接件，以实现其在项目中可直接单击相应接口即可与相关管道连接的功能。

（7）"基准"面板

"基准"面板提供了"参照线"、"参照面"两个选项，其使用方法见第 3.1.4 节。

（8）"工作平面"面板

"工作平面"面板提供了"设置"、"显示"、"查看器"3 个选项，其主要作用是为当前视图或所选图元指定工作平面。

（9）"族编辑器"面板

"族编辑器"面板用于将族载入到打开的项目或族文件中去，其出现在所有的功能区选项卡中。

2. "插入"选项卡

"插入"选项卡中包括：选择、链接导入、从库载入、族编辑器 4 种功能，如图 3-3 所示。

图 3-3 "插入"选项卡

（1）"导入"面板

"导入"面板提供了"导入 CAD"、"图像"、"管理图像"、"导入族类型" 4 个选项，其作用是将 CAD、光栅图像及族类型导入当前族中。

（2）"从库中载入"面板

"从库中载入"面板提供了"载入族"、"作为组载入"两个选项，其作用是将本地库或者联网库中的族文件直接载入到当前文件中或作为组载入。

3. "注释"选项卡

"注释"选项卡包括选择、尺寸标注、详图、文字、族编辑器 5 种功能，如图 3-4 所示。

图 3-4 "注释"选项卡

（1）"尺寸标注"面板

"尺寸标注"面板提供了"对齐"、"角度"、"径向"、"直径"、"弧长" 5 种选项，且在其下拉列表中提供了"线性尺寸标注类型"、"角度尺寸标注类型"、"半径尺寸标注类型"、"直径尺寸标注类型" 4 种选项，用于修改各尺寸标注类型的参数及形式，如图 3-5 所示。

（2）"详图"面板

"详图"面板提供了"符号线"、"详图构件"、"详图组"、"符号"、"遮罩区域" 5 个选项，汇集了用户在绘制二维图元时集中使用到的主要功能键。

（3）"文字"面板

"文字"面板提供了"文字"、"拼写检查"、"查找/替换"三个选项，汇集了添加文字注释、拼写检查和查找替换文字的功能。

4. "视图"选项卡

"视图"选项卡包括选择、图形、创建、窗口、族编辑器 5 种功能，如图 3-6 所示。

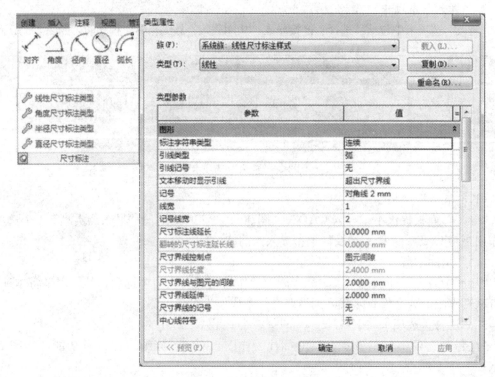

图 3-5 "尺寸标注"面板

图 3-6 "视图"选项卡

（1）"图形"面板

"图形"面板提供了"可见性/图形"、"细线"两个选项，用于控制模型图元、注释、导入和链接的图元在视图中的可见性及是否按照细线显示。

（2）"创建"面板

"创建"面板提供了"默认三维"、"相机"、"剖面"3 个选项，用于打开或创建三维视图、剖面、相机视图等。

（3）"窗口"面板

"窗口"面板提供了"切换窗口"、"关闭隐藏对象"、"复制"、"层叠"、"平铺"5 个选项，用于对窗口显示的多种功能需求。

5. "管理"选项卡

"管理"选项卡包括选择、设置、管理项目、查询、宏、族编辑器 6 种功能，如图 3-7 所示。

图 3-7　"管理"选项卡

（1）"设置"面板

"设置"面板提供了"材质"、"对象样式"、"捕捉"、"项目单位"、"共享参数"、"传递项目标准"、"清除未使用项"、"MEP 设置"、"其他设置"9 个选项，用于指定要应用于建筑模型中的图元设置。

（2）"管理项目"面板

"管理项目面板"提供了"管理图像"、"贴花类型"、"启动视图"3 个选项，提供用于管理的连接选项。

（3）"查询"面板

"查询"面板提供了"选择项的 ID"、"按 ID 选择"、"警告"3 个选项，提供按 ID 选择的唯一标识符来查找并选择当前视图中的图元。

（4）"宏"面板

"宏"面板提供了"宏管理器"、"宏安全性"两个选项，便于用户安全地运行现有宏，或者创建、删除宏。

6．"修改"选项卡

"修改"选项卡包括选择、属性、剪贴板、几何图形、修改、测量、创建、族编辑器8 种功能，如图 3-8 所示。

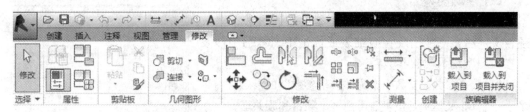

图 3-8　"修改"选项卡

（1）"剪贴板"面板

"剪贴板"面板提供了"剪切到剪贴板"、"复制到剪贴板"、"匹配类型属性"、"粘贴"4 个选项，汇集了常用的剪贴命令。

（2）"几何图形"面板

"几何图形"面板提供了"剪切"、"连接"、"拆分面"、"填色"4 个选项，汇集了对几何图形的常用的功能键。

（3）"修改"面板

"修改"面板提供了"对齐"、"偏移"、"镜像—拾取轴"、"镜像—绘制轴"、"移动"、"复制"、"旋转"、"修改/延伸为角"、"拆分图元"、"用间隙拆分"、"阵列"、"缩放"、"修剪/延伸单个单元"、"修剪/延伸多个单元"、"解锁"、"锁定"、"删除"17 个选项，汇集了常用的编辑命令。

（4）"测量"面板

"测量"面板提供了"测量两个参照之间的距离"、"对齐尺寸标注"两个选项，汇集了常用的测量工具。

（5）"创建"面板

"创建"面板包括"创建组"、"创建类似"两个选项。

3.3 族类型和族参数

单击功能区"创建"→  "族类型"按钮，打开"族类型"对话框对族类型和参数进行设置，如图 3-9。

1. 新建族类型

"族类型"是在项目中用户可以看到的族的类型。一个族可以有多个类型，每个类型可以有不同的尺寸形状，并且可以分别调用。在"族类型"对话框右上角单击"新建"按钮以添加新的族类型，对已有的"族类型"还可以进行"重命名"和"删除"操作。

2. 添加参数

参数对于族十分重要，正是有了参数来传递信息，族才有强大的生命力。单击"族类型"对话框右侧的"添加"按钮，打开"参数属性"对话框，见图 3-10。以下介绍一些常用的设置。

图 3-9 族类型

（1）参数类型

1）族参数。参数类型为"族参数"的参数，载入项目文件后，不能出现在明细表或标记中。本书中涉及的参数类型均为"族参数"。

2）共享参数。参数类型为"共享参数"的参数，将记录于一个 txt 文档中，该参数可由多个项目和族共享。

（2）参数数据

1）名称。参数名称可根据用户需要自行定义，但在同一族内，参数名称不能相同。参数名称区分大小写。

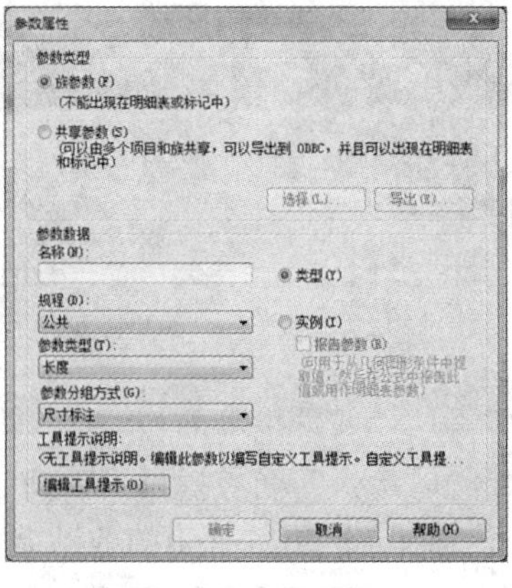

2）规程。共有公共、结构和电气三种"规程"可选择，见表 3-2。本书中涉及的规程均为"公共"。

图 3-10 参数属性

规程说明表　　　　表 3-2

编号	规程	说　　明
1	公共	可用于任何族参数的定义
2	结构	用于结构族，建筑族几乎不用
3	电气	用于定义电气族的参数

3）参数类型。"参数类型"是参数最重要的特性,不同的"参数类型"有不同的特点和单位。"公共"规程的"参数类型"说明见表 3-3。

参数类型说明表　　　　　　　　　　　　　　　　　　　　　表 3-3

编号	参数类型	说明	编号	参数类型	说明
1	文字	可随意输入字符,定义文字类参数	8	坡度	用于定义坡度的参数
2	整数	始终表示为整数的值	9	货币	用于货币参数
3	数值	用于各种数字数据,是实数	10	URL	提供至用户定义的 URL 的网络链接
4	长度	用于建立图元或子构件的长度	11	材质	可在其中指定特定材质的参数
5	面积	用于建立图元或子构件的面积	12	是/否	使用"是"或"否"定义参数,可与条件判断连用
6	体积	用于建立图元或子构件的体积	13	<族类型...>	用于嵌套构件,不同的族类型可匹配不同的嵌套族
7	角度	用于建立图元或子构件的角度			

4）参数分组方式。"参数分组方式"定义了参数的组别。其作用是参数在"族类型"对话框中按组分类显示,方便用户查找参数。该定义对于参数的特性没有任何影响。

5）类型/实例。用户可根据族的使用习惯选择"类型参数"或"实例参数",其说明见表 3-4。

类型/实例参数说明表　　　　　　　　　　　　　　　　　　　表 3-4

编号	参数	说　明
1	类型参数	如果有同一个族的多个相同的类型被载入到项目中,类型参数的值一旦被修改,所有的类型个体都会相应变化
2	实例参数	如果同一族的多个相同的类型被载入到项目中,其中一个类型的实例参数的值一旦被修改,只有当前被修改的这个类型的实体会相应变化,该族其他类型的这个实例参数的值仍然保持不变。在创建实例参数后,所创建的参数名后将自动加上"(默认)"两字

【提示】当参数生成后,不能修改参数的"规程"和"参数类型",但可以修改"参数名称"、"参数分组方式"和"类型/实例"。

3.4　参照平面和参照线

"参照平面"和"参照线"在族的创建过程中最常用,它们是辅助绘图的重要工具。在进行参数标注时,必须将实体"对齐"在"参照平面上"并且锁住,由"参照平面"驱动实体。该操作方法应严格贯穿整个建模的过程。"参照线"主要用在控制角度参变上。

通常在大多数的族样板文件(RFT 文件)中已经画有三个参照平面,它们分别为 X,Y 和 Z 平面方向,其交点是(0,0,0)点。这三个参照平面被固定锁住,并且不能删除。通常情况下不要去解锁和移动这三个参照平面,否则可能导致所创建的族原点不在(0,0,0)点,无法在项目文件中正确使用。

1. 参照平面

（1）绘制参照平面

单击 Revit 界面左上角的  "应用程序菜单"按钮→"新建"→"族"→选择"公制常规模型 .rft"族样板，单击"打开"，创建一个"常规模型"族，单击功能区中"创建"→"基准"→"参照平面"，见图 3-11。将鼠标移至绘图区域，单击即可指定"参照平面"起点，移动至终点位置再次单击，即完成一个"参照平面"的绘制。可以继续移动鼠标绘制下一"参照平面"，或按两次"Esc"键退出。

图 3-11　参照平面

（2）参照平面的属性

1）是参照：对于参照平面，"是参照"是最重要的属性。不同的设置使参照平面具有不同的特性。

选择绘图区域的参照平面，打开"属性"对话框，单击"是参照"下拉列表，见图 3-12。

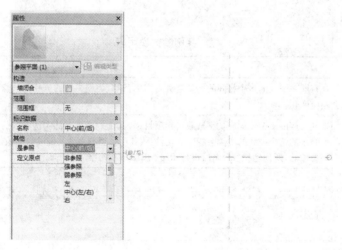

图 3-12　属性对话框

表 3-5 说明了"是参照"中各选项的特性。

"是参照"各选项特性表

表 3-5

参照类型	说　明
非参照	这个参照平面在项目中将无法捕捉和标注尺寸
强参照	强参照的尺寸标注和捕捉的优先级最高。创建一个族并将其放置在项目中。放置此族时，临时尺寸标注会捕捉到族中任何"强参照"。在项目中选择此族时，临时尺寸标注将显示在"强参照"上。如果放置永久性尺寸标注，几何图形中的"强参照"将首先高亮显示
弱参照	"弱参照"的尺寸标注优先级比"强参照"低。将族放置到项目中并对其进行尺寸标注时，可能需要按"Tab"键选择"弱参照"

参照类型	说　明
左	
中心（左/右）	
右	
前	这些参照，在同一个族中只能用一次，其特性和"强参照"类似。通常用来表示样板自带的三个参
中心（前/后）	照平面：中心（左/右）、中心（前/后）和中心（标高）。还可以用来表示族的最外端边界的参照平面：
后	左、右、前、后、底和顶
底	
中心（标高）	
顶	

2）定义原点："定义原点"用来定义族的插入点。Revit 族的插入点可以通过参照平面定义。

选择"中心（前/后）"参照平面，其"属性"对话框中的"定义原点"默认已被勾选。族样板里默认的三个参照平面都勾选了"定义原点"，一般不要去更改它们。在族的创建过程中，常利用样板自带的三个参照平面，即族默认的（0,0,0）点作为族的插入点。在建模开始时，就应计划好以这一点作为建模的出发点，以建得高质量的族。用户如果想改变族的插入点，可以先选择要设置插入点的参照平面，然后在"属性"对话框中勾选"定义原点"，这个参照平面即成为插入点。

3）名称：当一个族里有很多参照平面时，可命名参照平面，以帮助区分。选择要设置名称的参照平面，然后在"属性"对话框中的"名称"里输入名字。

【提示】参照平面的名称不能重复。参照平面被命名后，可以重命名，但无法清除名称。

2. 参照线

"参照线"与"参照平面"的功能基本相同，它主要用于实现角度参变。

第4章 空调系统集成化设计方法

集成化设计方法更适用于模块化、标准化的系统设计，而空调系统中涉及的设备及管道附件的连接均有一定的标准，且易于模块化。因此，集成化设计方法适用于空调系统。

本章主要介绍了空调系统、空调系统集成化设计方法、空调系统工程结构体的划分创建及使用方法，并基于设计实验，对空调系统集成化设计方法进行工效分析。本章为后续章节的理论基础。

4.1 空调系统简介

空调系统是通过人为的手段将室内空气处理到某一标准的温度、湿度、洁净度以满足舒适性或工艺需求的系统。根据不同的分类标准，空调系统可分为不同的系统类型。

按负担室内空调负荷所用的介质分类为例，空调系统可分为全空气系统、空气—水系统、全水系统及制冷剂系统。全空气系统的原理图如图4-1所示，全空气系统通过输送冷空气向房间提供显热冷量和潜热冷量，达到降低房间温度和湿度的目的；或输送热空气向房间提供热量，达到提高房间温度的作用。全空气系统对空气的冷却、减湿或加热、加湿处理完全由集中于空调机房内的空气处理机组来完成，而空气处理机组的冷量或热量则来自于冷水机房。冷水机房通常包括冷水机组、水泵、分集水器、换热器，水冷式冷水机组通常应配备冷却塔。冷水机组将载冷剂（空调系统中一般采用水）处理至合适状态，经分集水器进入空调机组，升温后的载冷剂通过水泵进入冷水机组。

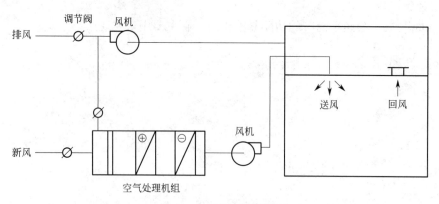

图4-1 全空气系统原理图

空气—水系统是由空气和水共同来承担空调房间冷、热负荷的系统，该系统除向房间内送入经处理的空气外，还在房间内设有以水作介质的末端设备对空气进行冷却或加热，其原理见图4-2。以水作介质的末端设备包括风机盘管、诱导器（带盘管）、辐射板等。风机盘管等末端设备的冷源和热源通常也设置于冷水机房。

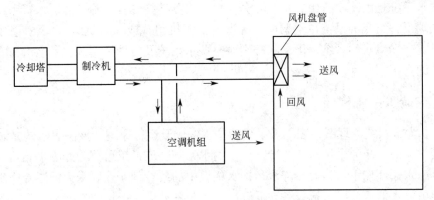

图 4-2　空气—水系统原理图

全水系统是全部用水作为"热媒"或"冷媒"，并将其从热源或冷源传递到室内供暖或供冷设备，供给室内热负荷和冷负荷的系统，其原理见图 4-3。其热源和冷源通常也来自于冷水机房。

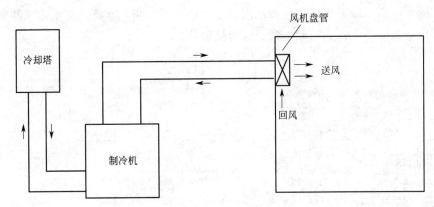

图 4-3　全水系统原理图

制冷剂系统是空调房间的负荷直接由制冷剂负担的系统，其原理见图 4-4。制冷系统蒸发器或冷凝器直接从空调房间吸收（或放出）热量。

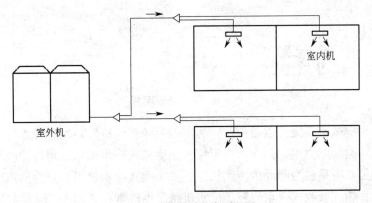

图 4-4　制冷剂系统原理图

通过上述介绍，我们发现除制冷剂系统外，空调系统一般包括空调水系统及空调风系统，空调水系统是由冷水机组、水泵、分（集）水器、换热器、冷却塔、水管系统、水管管件及末端设备组成的系统；空调风系统是由空调机组（或新风机组）、风管系统、风管管件及风道末端组成的系统。下文将分别对空调水系统及空调风系统以及空调监测控制系统进行详细介绍。

4.1.1 空调水系统构成

图 4-5 为水系统原理图，表示水系统的基本构成及运行原理，该图表示的是暖通空调系统中最常见的、冷源采用水冷式冷水机组的水系统。该系统可分为冷冻水循环和冷却水循环。冷冻水循环如下：高温冷冻水与冷水机组中的载冷剂换热，变为低温冷冻水，低温冷冻水经由分水器送入各末端设备，低温冷冻水与各末端设备换热后变为高温冷冻水，各支路的高温冷冻水进入集水器，再经冷冻水泵进入冷水机组，冷冻水泵是冷冻水循环的动力装置，为冷冻水的循环提供动力。冷却水循环如下：冷却水带走冷水机组产生的热量，变为高温冷却水，高温冷却水进入冷却塔进行冷却，冷却后的低温冷却水经冷却水泵进入冷水机组，冷却水泵是冷却水循环的动力装置，为冷却水的循环提供动力。水系统的核心设备包括冷水机组、冷冻水泵、冷却水泵、冷却塔、分（集）水器、补水定压装置及末端装置，若该水系统还有供热功能，则还应包括换热器。

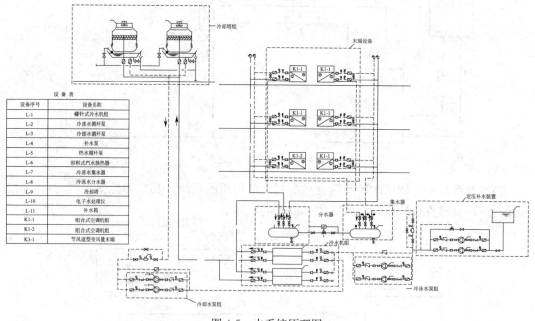

图 4-5　水系统原理图

冷水机组是空调水系统的重要部件，为空调系统提供冷源。冷水机组按驱动的动力可分为两大类：一类是电力驱动的冷水机组，包括活塞式冷水机组、螺杆式冷水机组和离心式冷水机组；另一类是热力驱动的冷水机组，即吸收式冷水机组，分为蒸汽或热水式吸收式冷水机组和直燃式吸收式冷水机组。冷水机组根据冷却介质的不同，可分为水冷式冷水机组和风冷式冷水机组。

电力驱动的冷水机组一般包括四个核心部件，即制冷压缩机、蒸发器、冷凝器、节流机构。其制冷原理见图 4-6，即制冷剂在蒸发器内吸热汽化，冷却载冷剂，压缩机从蒸发器中吸出蒸发的制冷剂蒸汽并进行压缩，高压的制冷剂蒸汽进入冷凝器，在其内凝结为液体并释放出热量，这些热量由空气或水等介质带走，带走热量的水就称之为冷却水，接下来高压的冷凝剂液体经过节流机构转变为低压的液体，创造在低压低温下汽化的条件，制冷剂在蒸发器—压缩机—冷凝器—节流机构—蒸发器中周而复始地循环，实现制冷的目的。

热力驱动的冷水机组一般包括 6 个核心部件，即蒸发器、冷凝器、膨胀阀、发生器、吸收器、溶液泵。其制冷原理包括制冷剂循环和溶液循环两个循环，见图 4-7。制冷剂循环中制冷剂的冷凝、蒸发、节流的过程与电力驱动的制冷机组的这三个过程相同，所不同的是热力驱动的冷水机组中，低压蒸汽转变为高压蒸汽是利用吸收器、发生器等组成的溶液循环来实现的。其溶液循环过程如下：在吸收器中，由发生器来的稀溶液（溶液的浓度以制冷剂的含量计）吸收蒸发器来的制冷剂蒸汽，而成为浓溶液，吸收过程释放出的热量用冷却水带走。由吸收器出来的浓溶液经溶液泵提高压力，并输送到发生器中。在发生器中，利用外热源对浓溶液加热，其中低沸点的制冷剂蒸汽被蒸发出来，而浓溶液成为稀溶液。从蒸发器出来的高压稀溶液经膨胀阀节流到蒸发压力，而又回到吸收器中。溶液由吸收器—发生器—吸收器的循环实现了将低压制冷剂蒸汽转变为高压制冷剂蒸汽。

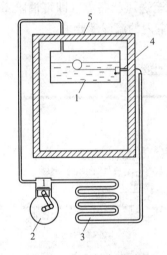

图 4-6　电力制冷原理图

1—蒸发器；2—压缩机；3—冷凝器；

4—膨胀阀；5—小室

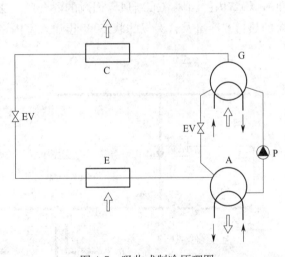

图 4-7　吸收式制冷原理图

E—蒸发器；C—冷凝器；EV—膨胀阀；

G—发生器；A—吸收器；P—溶液泵

水泵是空调水系统的动力部件，为介质的循环提供动力，空调水系统中的水泵根据其服务对象的不同可分为冷冻水循环泵、冷却水循环泵及补水泵。冷冻水循环泵是驱动冷冻水在冷冻水环路中循环的装置，它克服冷冻水环路中的阻力，将冷冻水输送至空气处理机组、风机盘管等末端，以达到换热的目的。冷却水循环泵是驱动冷却水在冷却水环路中循环装置。补水泵是补水装置的一个组成部分。空调系统中可采用的水泵形式包括卧式离心泵、立式离心泵等。

分（集）水器是分水器和集水器的总称。分水器是将一路进水分散为几路输出的设备，而集水器是将多路进水汇集起来在一路输出的设备。

热交换器是使热量从热流体传递到冷流体，以满足规定的工艺要求的装置。换热器可按不同的方式分类。按换热器的操作规程可将其分为间壁式、混合式及蓄热式；按表面的紧凑程度可分为紧凑式换热器和非紧凑式换热器。空调系统中设置热交换器主要是因为一次网热水的温度过高，超过末端设备的承受能力。

冷却塔是利用空气和水的接触来冷却水的设备。按通风方式分类，冷却塔可分为自然通风冷却塔、机械通风冷却塔和混合通风冷却塔；按水和空气的接触方式，可分为湿式冷却塔、干式冷却塔和干湿式冷却塔；按水和空气的流动方向，可分为逆流式冷却塔和横流式冷却塔。在空调系统中，冷却塔用于冷却从冷凝器出来的高温冷却水。在空调系统中常采用机械通风冷却塔。

关于末端设备，以风机盘管为例做简要介绍。风机盘管是空气—水系统中常用的末端设备。其工作原理是不断循环室内的空气，使得室内空气经风机盘管内的冷（热）盘管降温（加热）后送入室内，以消除室内的负荷。

4.1.2 空调风系统构成

图 4-8 为风系统原理图，该图表示的是暖通空调系统中常见的一次回风系统。一次回风系统的工作原理如下：空气处理机组利用冷水机组产生的冷量（或经换热器换热产生的热量），将室内的回风（或新风与回风的混合风）集中处理至送风状态点（即可消除室内多余的热量或冷量及含湿量的状态），再送入室内，以满足室内的温湿度要求。

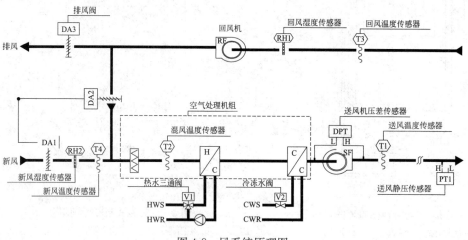

图 4-8　风系统原理图

常见的空调风系统的主要设备包括空气处理机组、管道（包括送风管、回风管、新风管）、风道末端（包括送风口、回风口、新风口）、管路附件，若为变风量系统，则还应有变风量末端。在空气—水系统中，为满足室内空气品质的要求，还应设置新风处理机组。接下来对空调风系统的主要设备作简要介绍。

空气处理机组是包括风机、盘管（加热和冷却）以及过滤器等部件的设备。空气处理机组的作用是将室外的新风与一部分回风混合（一次回风系统为例），经过滤器过滤，再经冷却盘管或加热盘管冷却或加热，部分情况下空气还需经除湿或加湿处理，处理后的空气送入室内，以满足室内舒适度的要求。

新风机组与空气处理机组的工作过程类似，只不过新风处理机组只处理新风，以满足室内舒适度的要求。

变风量末端是变风量空调系统的重要设备之一，其作用是调节送风量。根据末端形式分类，变风量末端设备可分为单风管型、双风管型、诱导型、旁通型、串联式风机动力型、并联式风机动力型；根据再热方式可分为无再热型、热水再热型、电热再热型；根据风量调节方式可分为压力无关型、压力相关型。

4.2　空调系统集成化设计方法

4.2.1　空调系统集成化设计方法

在利用 BIM（以 Revit 软件为例）设计暖通空调系统的过程中，一般采用的绘制流程是布置设备—设备接管—末端管件连接—系统管路连接—系统管件布置。该绘制方法存在一系列尚待改善的问题：

（1）绘制过程相对复杂。与传统 CAD 系统平面绘制相比，由于 BIM 技术是在三维空间内绘图，尤其是在末端设备处，管路、管件布置密集，导致对末端设备接管、管件的绘制较为复杂，易出现所选管件难以与管路匹配、位置难以捕捉等问题。

（2）系统调节灵活性差。末端设备在调节过程中，随着管径的变化，相应管件难以随之同步调节，导致管径变化时管件需要手动逐一调节，增大了绘制的工作量。

（3）模型的通用性差。现有的 BIM 绘制方法完成的模型由于包含众多子模型，子模型又归属于不同的系统类型，在不同 BIM 工程中的通用性较差，若采用直接复制粘贴的方法会给新的项目带来大量外来引用族和系统类型，导致系统的复杂性提高。

空调系统中的核心构件较为固定，其相关附件一般情况下也有一定的标准可循，易于实现标准化、模块化的操作。因此，集成化的设计思想在设计暖通空调系统的过程中就有很大的优势。将暖通空调系统中的核心设备（如冷水机组、水泵等）、管路及管件通过集成化设计组成一个集成化族块——工程结构体，即可解决上述传统设计方法中存在的问题，且此种设计有如下优点：

（1）便捷性。通过集成化方法，将设备及与设备相连的末端管路、管件集成于一个工程结构体，该结构体作为一个整体族导入项目中。通过集成化设计，将传统 BIM 系统布置设备—接管—布置管件的步骤集成于工程结构体中，只需对各结构体间的剩余管路及少量管件进行绘制即可完成系统绘制，从而大幅减少了工作量，提高了绘制效率。

（2）灵活性。通过对工程结构体的参数化，实现了结构体内部所有元素尺寸可调节、信息可统计，并且能够实现管件随管径变化自动调节、自动匹配，从而提高了工程结构体应用的灵活性。在系统绘制过程中，若需对设备接管进行修改，只需修改族参数中对应接管管径即可，无需修改管路附件，从而也大幅减少了修改时间。

（3）通用性。由于工程结构体是集成化的族，因此可以添加至对应族库当中，当其他工程或同一工程的其他区域需要使用该结构体时，可将其作为族直接导入。即工程结构体具有通用性，并且由于其族属性，使结构体便于导入和使用，且结构体同时具有灵活的调节性，对不同接管要求同样具有很强的通用性。

4.2.2　空调系统工程结构体的划分

通过 4.1 节描述，我们了解到了空调系统中的核心设备，实际上，这些核心设备的安装与管道连接均有一定标准或工程经验。空调系统工程结构体指的就是将核心设备、与其连接的管道和管件按照相应的标准连接而成的集成化族块。工程结构体可根据实际工程的需要，在一定的范围内对其管道半径、管道长度、管路附件安装高度进行调整。在应用 Revit 软件创建标准工程结构体的过程中，工程结构体的划分及创建依据为相关的标准图集和工程经验。下文将对工程结构体的具体划分情况做简要介绍。

根据各标准图集中与水系统有关的原理图以及相关的工程经验，可知水冷式冷水机组一般要接四根水管，分别是：冷冻水进水管、冷冻水出水管、冷却水进水管、冷却水出水管。各水管在接冷水机组前，均应设置弹性软接，弹性软接的作用如下：一是起到减振作用；二是管道热胀冷缩的需要；三是便于维修的需要。在进水管前应设置 Y 形过滤器，起到过滤杂质，防止管道堵塞的作用。在 Y 形过滤器前应设置蝶阀，便于调节以及维修检查。在出水管的软接头后也应设置蝶阀，便于调节以及维修检查。此外，在进、出水管的合适位置均应设置温度计及压力表，便于监测其运行情况。因此，水冷式冷水机组工程结构体应当包括冷水机组、冷冻水进水管、冷冻水出水管、冷却水进水管、冷却水出水管及各管路上的管路附件。

根据国家标准图集《水泵安装》16K702，可以知道立式泵的接管如图 4-9 所示。在水泵的进出口，首先应连接软接头，其作用与冷水机组的弹性软接相同。在水泵进口的软接头前应设置压力表，便于读取水泵入口的压力，其位置可根据实际情况做适当更改。在水泵进口的压力表前应设置 Y 形过滤器，其作用是过滤管道中的污物，防止管道堵塞，损坏水泵。因 Y 形过滤器需定期清理，因此在 Y 形过滤器前应设置一阀门。在水泵出口的软接头后，应设置压力表，便于读取水泵出口压力，压力表的位置可根据具体情况更改位置。压力表之后应设置止回阀，止回阀的作用是防止液体倒流，损坏水泵。由于止回阀易于损坏，因此在止回阀之后应再设置一个阀门，便于止回阀的更换和检修。管路支架也起到减振的作用。卧式泵的接管如图 4-10 所示，与立式泵相同。因此，水泵标准工程结构体应当包括水泵、进水管、出水管及各管路上的管道附件。

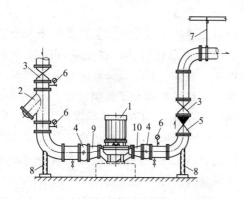

图 4-9　立式泵的安装

1—水泵；2—过滤器；3—阀门；4—软接头；
5—止制阀；6—压力表；7—吊架；8—支架；
9—偏心变轻管；10—同心变径管

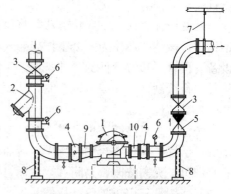

图 4-10　卧式泵的安装

1—水泵；2—过滤器；3—阀门；4—软接头；
5—止回阀；6—压力表；7—吊架；8—支架；
9—偏心变径管；10—阀芯变径管

根据国家标准图集《分（集）水器、分汽缸》05K232 以及相关的工程经验，在分、集水器的分水管、集水管上设置了一个平衡阀和一个闸阀，见图 4-11。闸阀起到关断作用，平衡阀起到平衡各支管流量的作用。此外，分、集水器之间还应设置旁通管，通过调节旁通管上旁通阀的开度来调节流经旁通管的流量，隔离因负荷变化而产生的流量变化，消除对主机的影响。因此，分（集）水器工程结构体应当包括分（集）水管、旁通管及各管路上的管路附件。

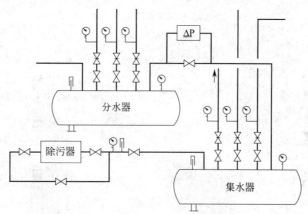

图 4-11　分（集）水器安装原理图

根据国家标准图集《建筑空调循环冷却水系统设计与安装》07K203 以及相关的工程经验，可以知道冷却塔应连接的管道包括冷却水进水管、冷却水出水管、泄水管、排污管以及补水管（包括自动补水管及手动补水管），见图 4-12。在冷却水进、出水管上均应设置蝶阀，便于调节流量，进行冷却塔的维修等操作。在泄水管、排污管上同样应安装阀门，以满足泄水、排污的要求。补水管包括自动补水管及手动补水管，两种补水管并联，保证补水可顺利进行，且两管道及其并联后的主管道上应设置相应阀门，便于补水的操作。因此，冷却塔工程结构体应当包括冷却水进水管、冷却水出水管、泄水管、排污管、补水管及各管路上的管路附件。

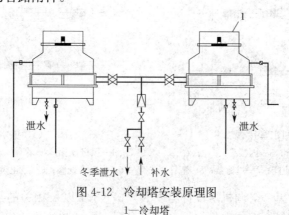

图 4-12　冷却塔安装原理图
1—冷却塔

根据国家标准图集《风机盘管安装》01K403，可以知道风机盘管的供、回水接管各有两种方式，见图 4-13～图 4-16。供、回水管的接管方式一为垂直接法，接管方式二为水平接法，两种接法连接的管件均相同，选择哪一种接法取决于水平空间和垂直空间的大小。供、回水管在连接风机盘管前均应设置内接头，内接头的作用是降低风机盘管在运转时的振动，降低噪声。回水管的内接头后应设置电动两通阀，起到开启和关断冷冻水的作用，便于自动控制。电动两通阀后应设置截止阀，起到调节流量、平衡管路的作用。供水管的内接头前应设置 Y 形过滤器，其作用是防止水系统杂质、赃物进入风机盘管，损坏和堵塞换热器。Y 形过滤器前应设置截止阀，便于 Y 形过滤器的清洗。因此，风机盘管工程结构体应当包括供水管（冷/热/冷热共用）、回水管（冷/热/冷热共用）及各管路上的管路附件。

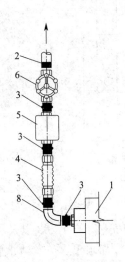

图 4-13 回水管接管一

1—风机盘管；2—水管；3—内接头；

4—软管；5—电动两通阀；6—截止阀；

7—过滤器；8—弯管

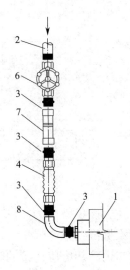

图 4-14 供水管接管一

1—风机盘管；2—水管；3—内接头；

4—软管；5—电动两通阀；6—截止阀；

7—过滤器；8—弯管

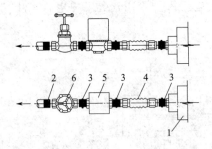

图 4-15 回水管接管二

1—风机盘管；2—水管；3—内接头；4—软管；

5—电动两通阀；6—截止阀；7—过滤器；8—弯管

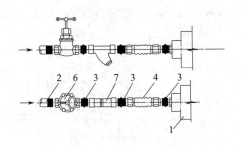

图 4-16 供水管接管二

1—风机盘管；2—水管；3—内接头；4—软管；

5—电动两通阀；6—截止阀；7—过滤器；8—弯管

根据国家标准图集《空调机房设计与安装》07K304 以及相关的工程经验，空气处理机组应连接的水管道包括冷冻水供水管、冷冻水回水管、热水供水管、热水回水管、冷凝水管，部分机组冷、热水管共用。水管在接空气处理机组时均应设置软接头，其作用与水泵的软接头相同。在供水管的软接头前应设置电磁阀，以满足系统自动控制的要求，便于调节冷（热）水流量。电磁阀前应设置 Y 形过滤器，防止水中的杂质及污物堵塞盘管，

Y 形过滤器前应设置闸阀，便于手动调节冷（热）水流量以及 Y 形过滤器的清理。此外，还应在供水管的合适位置设置温度计和压力表，便于监测其运行情况。在回水管的软接头后应设置一闸阀，起到调节流量和关断的作用。冷凝水管应注意设置存水弯。空气处理机组还应设置送、回风静压箱，静压箱的作用如下：一是将动压转换为静压；二是若静压箱内衬消声材料，则可降低噪声；三是可保证风量的均匀分配。新风机组的配置与此相似，与空气处理机组的不同在于新风机组仅有送风静压箱，没有回风静压箱，在此不再详细描述。因此，空气处理机组工程结构体应当包括冷冻水供水管、冷冻水回水管、热水供水管、热水回水管、冷凝水管及各管路上的管道附件。

关于各工程结构体的具体创建方法，将在第 5～12 章进行详细说明。

4.3　空调系统工程结构体的创建原理与方法

4.3.1　工程结构体的创建方法

工程结构体的创建依托于 Revit 这一软件平台，利用 Revit 中创建族的功能，来创建工程结构体。在创建工程结构体的过程中，利用了 Revit 中族的嵌套这一功能，将各标准接管作为嵌套族，载入至核心设备族中，进行相关设置，完成工程结构体的创建。通俗地讲，可以将嵌套族理解为子级族，核心设备为父级族，两者相互独立，但又构成一个整体，且各部分的参数均可在一定范围内调节。

工程结构体的具体创建步骤见图 4-17。首先，应确定创建的工程结构体的类型，然后根据工程结构体的类型选择合适的核心设备，若有核心设备族，则可直接进行下一步骤；若没有合适的核心设备，则核心设备族需要自己创建，核心设备族创建完成后再进行下一步骤。然后，考虑是否有可以直接适用的嵌套族，若有适用的嵌套族，则可直接进行下一步骤；若没有合适的嵌套族，则嵌套族也需自己创建，嵌套族创建完成后再进行下一步骤。最后，将嵌套族载入核心设备族中，并确定嵌套族的位置，关联相关族参数，至此，完成工程结构体的创建。创建核心设备族和嵌套族的过程均可概括为：选择族样板→设定族类型及族参数→创建几何形体→关联族参数。需要注意的是，在创建嵌套族的过程中还需载入管件。创建工程结构体的详细介绍见本书第 5 章～第 9 章。

4.3.2　工程结构体的使用方法

工程结构体的使用方法见图 4-18。首先，根据项目的实际需要确定所需的工程结构体，并将工程结构体族载入至项目中，创建新项目的方法详见第 2.2.1 节和第 2.3.1 节。然后依次复制载入项目中的工程结构体族，复制工程结构体是因为项目需求的工程结构体的具体参数可能与已定的工程结构体参数不符，改变复制的工程结构体的部分参数以满足项目的实际需求而不改变原有的工程结构体。若载入的工程结构体包含的参数类型满足项目需要，则可以不复制工程结构体族和设置族参数。再将设置完族参数的工程结构体放置于合适的位置，并按照项目的需要，将各工程结构体连接为一个系统。最后，设置连接管道上的管路附件。

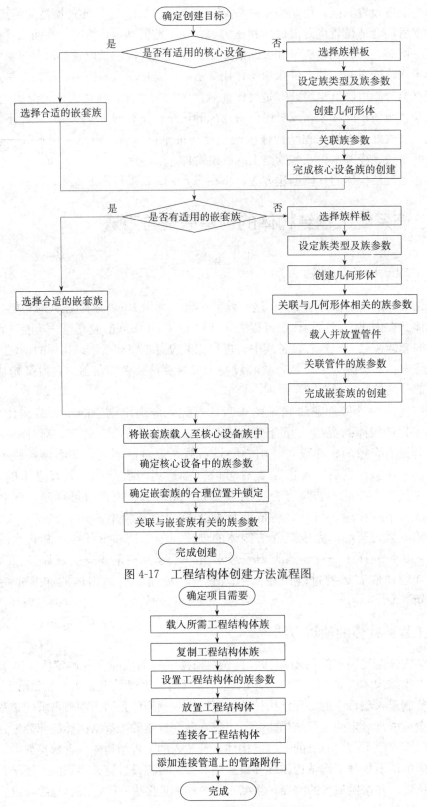

图 4-17　工程结构体创建方法流程图

图 4-18　工程结构体使用方法流程图

4.4 空调系统集成化设计方法工效分析

以冷水机房为例，对空调系统集成化的设计方法进行工效分析。该冷水机房的具体情况如下：三台螺杆式冷水机组、三台冷冻水泵、三台冷却水泵、三台热水泵、一台汽水换热器、一台分水器、一台集水器、一套水处理设备。其完成的效果图如图4-19所示。

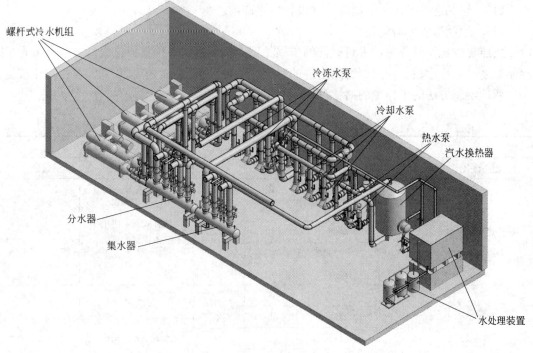

图 4-19 冷水机房效果图

按照正常的设计方法，进行工程设计的步骤如下：

（1）在适当位置放置一台螺杆式冷水机组，并根据实际需要设置其族参数；

（2）绘制上述螺杆式冷水机组的冷冻水进水管、冷冻水出水管、冷却水进水管、冷却水出水管；

（3）绘制上述四根管道的温度计、压力表、阀门等管路附件，并设置各管路附件的高度；

（4）同理，按步骤（1）～（3）放置另外两台螺杆式冷水机组；

（5）在适当位置放置一台冷冻水泵，并根据实际需要设置其族参数；

（6）绘制上述水泵的进水管、出水管；

（7）绘制上述两根管道的温度计、压力表阀门等管路附件，并设置各管路附件的高度；

（8）同理，按步骤（4）～（7）放置另外两台冷冻水泵、三台冷却水泵及两台热水泵；

（9）在适当位置放置分水器，并根据实际需要设置其族参数；

（10）绘制上述分水器的分水管；

（11）绘制上述分水管及分水器上的温度计、压力表、阀门等管道附件，并设置各管路附件的高度；

　　（12）同理，按步骤（9）～（10）放置集水器；

　　（13）放置分、集水器之间的旁通管；

　　（14）放置旁通管上的电磁阀、闸阀；

　　（15）在合适位置放置汽水换热器，并根据实际需要设置其族参数；

　　（16）在合适位置放置水处理装置，并根据实际需要设置其族参数；

　　（17）绘制连接各设备的横管，并设置管路高度。

　　（18）绘制横管上的阀门。

　　按照集成化设计方法，进行设计的步骤见第 4.3.2 节。采用集成化设计方法，节省了绘制温度计、压力表、阀门等管路附件的时间，而各管路附件的绘制及调整往往都比较复杂。两种绘制方法的工作量的对比见表 4-1。

普通设计与集成化设计方法工作量对比表　　　　表 4-1

普通设计方法					集成化设计方法	
核心设备	数量	管路附件	数量	合计	名称	数量
螺杆式冷水机组	3	温度计	12	57	螺杆式冷水机组工程结构体	3
		压力表	12			
		蝶阀	12			
		Y 形过滤器	6			
		软连接	12			
冷冻水泵	3	压力表	6	27	水泵工程结构体	3
		蝶阀	6			
		止回阀	3			
		Y 形过滤器	3			
		软连接	6			
冷却水泵	3	压力表	6	27	水泵工程结构体	3
		蝶阀	6			
		止回阀	3			
		Y 形过滤器	3			
		软连接	6			
热水泵	2	压力表	4	18	水泵工程结构体	2
		蝶阀	·4			
		止回阀	2			
		Y 形过滤器	2			
		软连接	4			
6 接口分水器	1	温度计	1	13	6 接口分水器工程结构体	1
		压力表	1			
		闸阀	5			
		平衡阀	5			

续表

普通设计方法				合计	集成化设计方法	
核心设备	数量	管路附件	数量		名称	数量
6 接口集水器	1	温度计	1	13	6 接口分水器工程结构体	1
		压力表	1			
		闸阀	5			
		蝶阀	5			
分集水器旁通管	1	电磁阀	1	5	旁通管工程结构体	1
		闸阀	3			
总计	14	—	146	160	—	14

　　通过工程设计实验，我们得出如下结论：在学习应用 Revit 软件建模的过程中，按照传统方法创建冷水机房，大约需要 7 天时间，而采用集成化设计方法，大约需要 2 天时间。由此可见，集成化设计方法可大大减少设计时间，避免重复劳动，提高设计效率。

第5章　冷水机组工程结构体设计应用方法

本章主要介绍了冷水机组工程结构体的组成、冷水机组嵌套族的组成、创建嵌套族的详细过程（其中管道采用拉伸方法）、嵌套族载入核心设备族的详细过程、冷水机组工程结构体的参数说明以及族参数的修改方法。

5.1　冷水机组工程结构体结构说明

冷水机组工程结构体根据冷却介质的不同可分为水冷式冷水机组工程结构体以及风冷式冷水机组工程结构体。水冷式冷水机组工程结构体由水冷式冷水机组族、弹性软接头及四个嵌套族（冷却水进水、冷却水出水、冷冻水进水、冷冻水出水）组成；风冷式冷水机组工程结构体由风冷式冷水机组族、弹性软接头及四个嵌套族（两个冷冻水进水、两个冷冻水出水）组成，冷冻水进水及冷却水进水嵌套族包括Y形过滤器、温度计、压力表及蝶阀。冷冻水出水及冷却水出水嵌套族包括温度计、压力表及蝶阀。水冷式冷水机组工程结构体的逻辑框图见图5-1，风冷式冷水机组工程结构体的逻辑框图见图5-2。

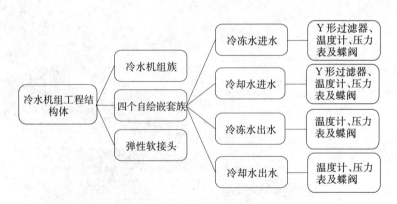

图 5-1　水冷式冷水机组工程结构体结构框图

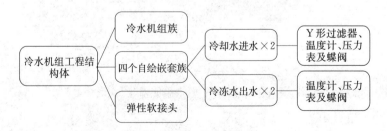

图 5-2　风冷式冷水机组工程结构体结构框图

下文以"螺杆式冷水机组工程结构体-170-339 kW"为例，说明其族类型、创建方法及各参数含义。"螺杆式冷水机组工程结构体-170-339 kW"是指该螺杆式冷水机组工程结构体族内提供了冷量范围在 170～339 kW 的几种"族类型",见图 5-3。用户可直接根据冷量选择螺杆式冷水机组工程结构体族,并调用该族的不同"族类型",有关"族类型"的介绍见第 3.3 节。其他冷水机组工程结构体的含义与上述相同。

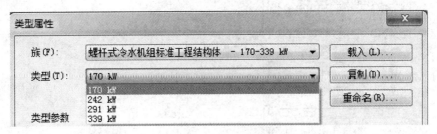

图 5-3　冷水机组工程结构体族类型示意图

5.2　冷水机组工程结构体创建方法

1. 嵌套族的创建

（1）选择族样板

单击 Autodesk Revit 面左上角的　"应用程序菜单"按钮→"新建"→"族"→选择"公制常规模型.rft"族样板,见图 5-4。

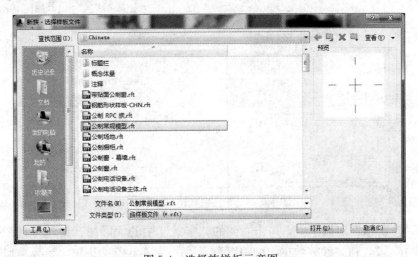

图 5-4　选择族样板示意图

（2）定义原点

单击绘图区域中的系统默认的两个参照平面,在"属性"对话框的"其他"列表中,保证"定义原点"被勾选,见图 5-5。则这两个参照平面的交点就会作为族的插入点/原点。

（3）设置族类型和基本族参数

1）单击功能区中"创建"→"属性"→　"族类型"按钮,打开"族类型"对话框。单击右侧"族类型"中的"新建"按钮,在"名称"对话框中输入"冷冻水进水",

作为族类型的名称，单击"确定"，见图 5-6。

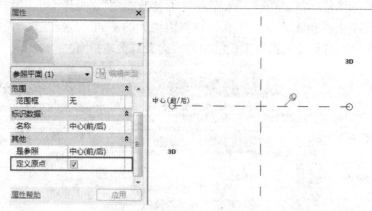

图 5-5　"定义原点"示意图

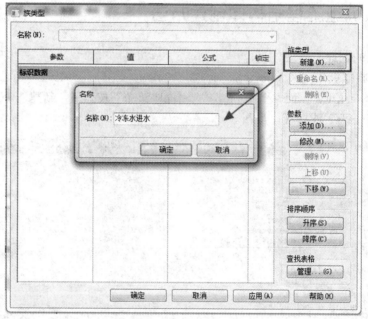

图 5-6　新建"族类型"示意图

2）在"族类型"对话框中，单击右侧的"参数"中的"添加"按钮，打开参数属性对话框，见图 5-7，在"参数数据"中将名称设为"管道半径"并在"参数类型"的下拉列表中选择"长度"，此参数为"类型参数"而非"实例参数"，其参数值保持"＜按类型＞"不变，单击"确定"。用同样的方法创建其他的长度参数："压力表安装高度"、"温度计安装高度"、"蝶阀安装高度"、"中心半径"、"管道直径"。在"中心半径"的公式中输入"＝3*管道半径"，见图 5-8。同理，在"管道直径"的公式中输入"＝2*管道半径"。

（4）创建几何形体

1）切换至"视图"→"楼层平面"→"参照标高"视图，单击功能区中的"创建"→"形状"→"拉伸"，在"修改 | 创建拉伸"选项卡的"绘制"面板上单击⊙"圆形"按钮，绘制一个圆形，单击"临时尺寸标注线"下的↤，使得该"临时尺寸标注"变为

"永久尺寸标注",选择该"永久尺寸标注",在选项栏的"标签"中选择"管道半径＝40",完成尺寸参数的关联,见图5-9。单击"模式面板"的 ✔ "完成编辑模式"按钮,完成"拉伸"建模命令。

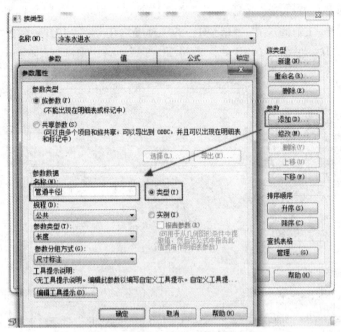

图 5-7　添加"族参数"示意图

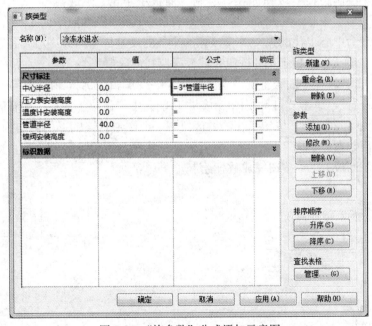

图 5-8　"族参数"公式添加示意图

2) 切换至"视图"→"立面"→"前"视图,拖拽"拉伸:造型操纵柄",将"拉伸"创建的圆柱体拖拽至合适的长度。

3）在"前"视图，绘制一条距"中心（左/右）"参照平面距离为"中心半径"的参照平面，并将此参照平面命名为"放样参照 1"，再绘制一条距"参照标高"参照平面距离为"中心半径"的参照平面，并将此参照平面命名为"放样参照 2"，单击功能区中"修改"→"测量"→ ⟋ "对齐尺寸标注"按钮。依次选择"放样参照 2"参照平面和"参照标高"参照平面，然后单击标注中的尺寸，在选项栏的"标签"中选择"中心半径＝3＊管道半径＝120"，进行参数关联，见图 5-10。"放样参照 1"参照平面的操作与此相同。

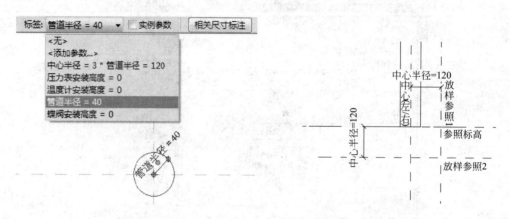

图 5-9　关联族参数示意图　　　　　图 5-10　"放样"参照平面绘制示意图

注："放样参照 1"、"放样参照 2"参照平面的"是参照"类型均为"强参照"。

4）在"前"视图，绘制一个"放样"。单击功能区中"创建"→"放样"，单击"放样"面板上的"绘制路径"按钮。在"绘制"面板中单击 ⟋ "起点-终点-半径弧"按钮，在"参照标高"与"中心（左/右）"的参照平面的交点以及参照平面 1、2 的交点之间绘制一个半径长度为中心半径的弧，并将该弧的半径的尺寸标注与"中心半径"相关联，见图 5-11。单击"模式"面板上的 ✔ 按钮完成放样路径的绘制。

5）依次单击"放样"面板上的"选择轮廓"→"编辑轮廓"，在"转到视图"对话框中选择"立面：右"，单击"打开视图"。单击功能区中"修改｜放样＞编辑轮廓"选项卡"绘制"面板上的 ◎ "圆形"按钮，在绘图区绘制一个圆形，该圆形的圆心为"中心（左/右）"参照平面与参照平面 2 的交点，并将此圆的半径与管道半径相关联，见图 5-12。单击两次"模式"面板上的 ✔ 按钮完成放样绘制。

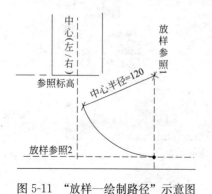

图 5-11　"放样—绘制路径"示意图　　　　图 5-12　"放样—编辑轮廓"示意图

（5）载入管件

1）单击功能区中的"插入"→"从库中载入"→"载入族"，见图 5-13，在"载入族"对话框中选中要载入的"温度计 . rfa"、"压力表 . rfa"、"Y 型过滤器 - 50-500 mm -法兰式 . rfa"、"蝶阀-对夹-涡轮-灰铁-1.6MPa. rfa"，单击"打开"。成功载入后，可在项目浏览器→"族"→"机械设备"和"管道附件"下看到这几个族，见图 5-14。

图 5-13　功能区

2）单击项目浏览器中的"族"→"机械设备"→"温度计"→"温度计"，将其拖入绘图区域中，并在参照标高视图中，将"温度计"顺时针旋转 90°。再切换至"视图"→"立面"→"前"视图，将"温度计"与参照平面"中心（左/右）"对齐且锁定，见图 5-15。

3）切换至"视图"→"立面"→"右"视图，单击功能区中"修改"→"测量"→

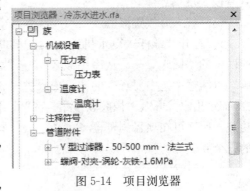

图 5-14　项目浏览器

"对齐尺寸标注"按钮。依次选择"温度计"焊接点端部和"中心（前/后）"参照平面，然后单击标注中的尺寸，在选项栏的"标签"中选择"管道半径＝40"，进行参数关联，见图 5-16。

4）单击功能区中"修改"→"测量"→ ✎ "对齐尺寸标注"按钮。依次选择"温度计"横管中心线和参照平面 2，然后单击标注中的尺寸，在选项栏的"标签"中选择"温度计安装高度"，进行参数关联，见图 5-17。

5）"压力表"的参数关联方法与"温度计"相同，在此不一一赘述。

6）在项目浏览器中双击"蝶阀-对夹-涡轮-灰铁-1.6MPa"中的"标准"，打开"类型属性"对话框，见图 5-18。单击参数"公称直径"最右边的"关联族参数"按钮，打开"关联族参数"对话框，选择"管道直径"参数。

7）单击项目浏览器中的"族"→"管道附件"→"蝶阀-对夹-涡轮-灰铁-1.6MPa"→"标准"，将其拖入绘图区域中，并将其旋转至合适位置。再切换至"视图"→"立面"→"前"视图，将"蝶阀"与参照平面"中心（左/右）"对齐且锁定。再切换至"视图"→"立面"→"前"视图，将"蝶阀"与参照平面"中心（前/后）"对齐且锁定。"蝶阀安装高度"的参数关联方法与"温度计安装高度"相同，在此不一一赘述。

8）"Y 形过滤器"的参数关联方法及位置锁定与"蝶阀"相同，在此不再赘述。

至此，"冷冻水进水"嵌套族的创建已经完成，"冷冻水出水"、"冷却水进水"、"冷却水出水"嵌套族的创建与此类似，在此不再赘述。

2. 螺杆式冷水机组工程结构体的创建

螺杆式冷水机组工程结构体族的创建以"螺杆式冷水机组工程结构体-170-339 kW. rfa"为例加以说明。

（1）打开"螺杆式冷水机组-170-339 kW. rfa"族文件。

（2）设置基本族参数：在"族类型"对话框中，单击右侧"参数"中的"添加"按钮，打开类型属性对话框，在"参数数据"中将名称设为"冷冻水入口直管段长度"并在"参数类型"的下拉列表中选择"长度"，此参数为"类型参数"而非"实例参数"，其参数值保持"＜按类型＞"不变，单击"确定"。用同样的方法创建其他的长度参数："冷冻水出口直管段长度"、"冷却水入口直管段长度"、"冷却水出口直管段长度"。

（3）载入并放置嵌套族

1）打开"螺杆式冷水机组 – 170-339 kW. rfa"，单击功能区中的"插入"→"从库中载入"→"载入族"，在"载入族"对话框中选中要载入的"冷冻水进水. rfa"、"冷冻水出水. rfa"、"冷却水进水. rfa"、"冷却水出水. rfa"、"橡胶软接-法兰-球形-氯丁二烯橡胶-1.0MPa. rfa"，单击"打开"。成功载入后，可在项目浏览器→"族"→"机械设备"及"管道附件"下看到图5-19所示的几个族。

图 5-15　温度计安装正视图

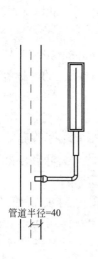

图 5-16　温度计安装右视图

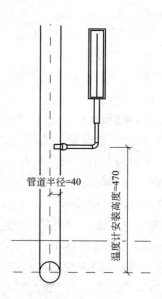

图 5-17　温度计安装高度示意图

2）在项目浏览器中双击"冷冻水进水"中的"冷冻水进水"，打开"类型属性"对话框。单击参数"管道半径"最右边的"关联族参数"按钮，打开"关联族参数"对话框，选择"冷冻水入口半径"参数，见图5-20。"冷冻水出水"、"冷却水进水"、"冷却水出水"的"管道半径"这一族参数的关联方法与此相同。

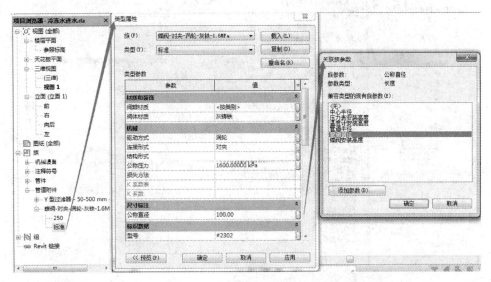

图 5-18　关联阀门族参数示意图

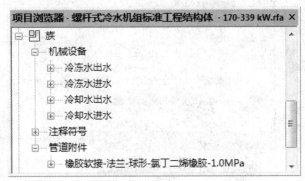

图 5-19　项目浏览器

3）在项目浏览器中双击"橡胶软接-法兰-球形-氯丁二烯橡胶-1.0MPa"中的"冷冻进"，打开"类型属性"对话框。单击参数"公称直径"最右边的"关联族参数"按钮，打开"关联族参数"对话框，选择"冷冻水入口直径"参数，见图 5-21。"冷冻出"、"冷却进"、"冷却出"的"公称直径"这一族参数的关联方法与此相同。

4）单击项目浏览器中的"族"→"管道附件"→"橡胶软接-法兰-球形-氯丁二烯橡胶-1.0MPa"→"冷冻进"，将其拖入绘图区域中，切换至"视图"→"立面"→"前"视图，将"橡胶软接-法兰-球形-氯丁二烯橡胶-1.0MPa"→"冷冻进"的端面与"螺杆式冷水机组-170-339 kW"的冷冻水进口的参照平面对齐并锁定，将"橡胶软接-法兰-球形-氯丁二烯橡胶-1.0MPa"→"冷冻进"的中心线与"螺杆式冷水机组-170-339 kW"的冷冻水进口中心线对齐并锁定，见图 5-22。切换至"视图"→"立面"→"右"视图，将"橡胶软接-法兰-球形-氯丁二烯橡胶-1.0MPa"→"冷冻进"的垂直中心线与"螺杆式冷水机组-170-339 kW"的冷冻水进口横截面的垂直中心线对齐并锁定，见图 5-23。"橡胶软接-法兰-球形-氯丁二烯橡胶-1.0MPa"中"冷冻出"、"冷却进"、"冷却出"的参数设置与对齐锁定方式与"冷冻进"相同。

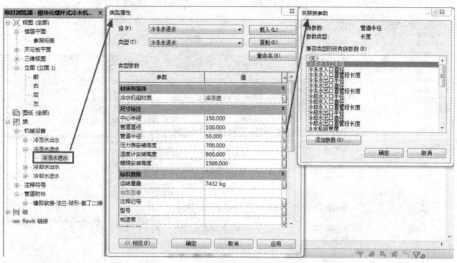

图 5-20　关联管径族参数示意图

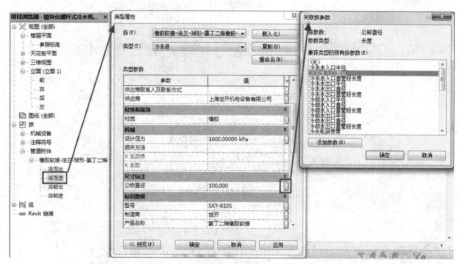

图 5-21　关联软接族参数示意图

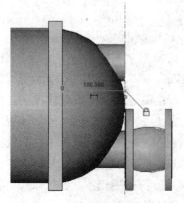

图 5-22　软接连接正视图

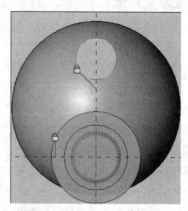

图 5-23　软接连接右视图

5）单击项目浏览器中的"族"→"机械设备"→"冷冻水进水"→"冷冻水进水"，将其拖入绘图区域中，切换至"视图"→"立面"→"前"视图，将"冷冻水进水"的中心线与"螺杆式冷水机组-170-339 kW"的冷冻水进口中心线对齐并锁定，并定义"冷冻水进水"端面至"螺杆式冷水机组-170-339 kW"的冷冻水进口的参照平面的距离为"冷冻水入口直管段长度"，见图5-24，并定义"螺杆式冷水机组-170-339 kW"的冷冻水进口端面至其冷冻水进口的参照平面的距离为"冷冻水入口直管段长度"，见图5-25。

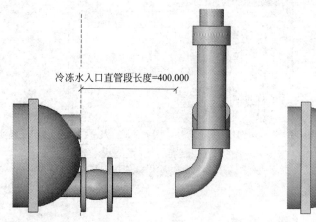

冷冻水入口直管段长度=400.000

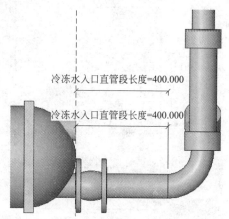

冷冻水入口直管段长度=400.000

冷冻水入口直管段长度=400.000

图5-24　"冷冻水进水"连接正视图　　　图5-25　"冷冻水入口直管段"长度示意图

6）切换至"视图"→"立面"→"右"视图，将"冷冻水进水"的垂直中心线与"螺杆式冷水机组-170-339 kW"的冷冻水进口横截面的垂直中心线对齐并锁定，见图5-26。

（4）放置管道连接件

1）切换至"三维视图"，单击功能区中的"创建"→"连接件"→"管道连接件"，在"修改|放置管道连接件"选项卡的"放置"面板上选择 "放置在面上"按钮，单击"冷冻水进水"的管道上端面，将管道连接件放置于管道端面上，如图5-27所示。

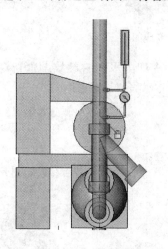

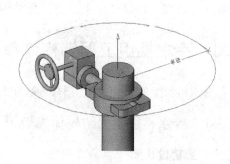

图5-26　"冷冻水进水"连接右视图　　　图5-27　管道连接件放置示意图

2）选中上述管道连接件，在"属性"面板中，将其"系统分类"修改为"循环回水"，并将其"半径"与"冷冻水入口半径"相关联，见图 5-28。至此完成管道连接件的放置，其完成结果见图 5-29。

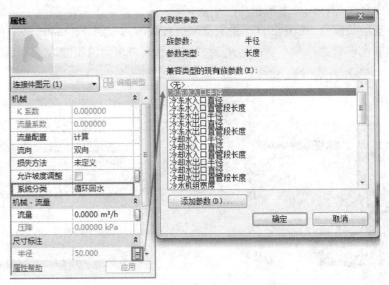

图 5-28　管道连接件属性设置示意图

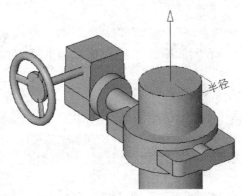

图 5-29　管道连接件设置完成图

根据上述步骤完成"冷冻出水"、"冷却进水"、"冷却出水"的参数设置与对齐锁定，至此，完成了"螺杆式冷水机组工程结构体-170-339 kW. rfa"的创建。

5.3　冷水机组工程结构体参数说明

冷水机组工程结构体的主要族参数如图 5-30 所示，其嵌套族的主要族参数如图 5-31 所示。

5.3.1　冷水机组工程结构体参数说明

1. 直管段长度

各直管段长度（冷冻水出口直管段长度、冷冻水入口直管段长度、冷却水出口直管段长度、冷却水入口直管段长度）含义相同，以冷冻水入口直管段长度为例加以说明。冷冻水入口直管段长度是指机组进口弹性软接的端面至冷冻水进水嵌套族的弯头端面的距离，如图 5-32 所示。

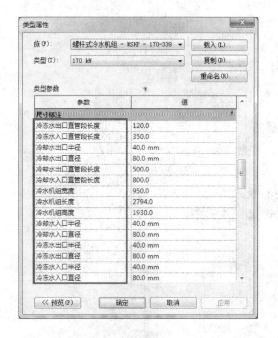

图 5-30　冷水机组工程结构体族类型参数

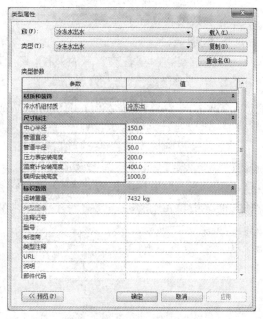

图 5-31　冷水机组嵌套族类型参数

2. 接管管径

定义冷水机组工程结构体接管管径的族类型参数有："冷冻水出口半径"、"冷冻水出口直径"、"冷冻水入口半径"、"冷冻水入口直径"、"冷却水出口半径"、"冷却水出口直径"、"冷却水入口半径"、"冷却水入口直径"。这些参数定义冷水机组工程结构体的接管的半径和直径。此处的直径指的是管道实际的外径，而不是公称直径。若已知所采用的管路公称直径所对应的实际外径，可修改此参数以使族中的管道与在 Revit 项目中绘制的管道尺寸一致。如需查询实际外径，可打开一个项目文件，点击"管理"选项卡→"MEP 设置"→"机械设置"→"管道设置"中的

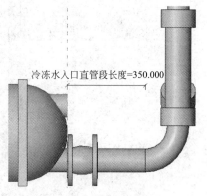

图 5-32　"直管段长度"示意图

"管段和尺寸"，在右侧窗口下拉菜单选择不同类型的管道，查询公称尺寸对应的外径（OD）和内径（ID）。如需了解如何修改族文件的管道尺寸，请参见第 3.2 节。此外，半径与直径通过公式进行关联，修改其中一个，另一个会随之修改。

螺杆式冷水机组工程结构体族参数的修改见第 3.2 节。应当注意的是，螺杆式冷水机组工程结构体的类型参数中，电气、电气-负荷、机械三项中的各参数均可按照实际情况进行填写。尺寸标注中的冷水机组长度、冷水机组宽度、冷水机组高度不建议修改。

5.3.2 嵌套族参数说明

以冷冻水进水为例说明嵌套族（冷冻水进水、冷冻水出水、冷却水进水、冷却水出水）各参数的含义，其余嵌套族的参数含义与冷冻水进水相同。

1. 管道直径

管道直径指的是管道实际的外径，而不是公称直径，详细解释见第 5.4.1 节。

2. 中心半径

中心半径为弯头的半径，如图 5-33 所示。

3. 管道附件安装高度

定义管道附件安装高度的族参数包括："压力表安装高度"、"温度计安装高度"、"蝶阀安装高度"。压力表、温度计安装高度是指压力表、温度计的焊接点至管道弯头中心线的距离，蝶阀安装高度是指蝶阀中心线至管道弯头中心线的高度。管道附件安装高度如图 5-34 所示。

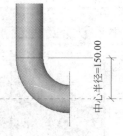

图 5-33 "中心半径"示意图

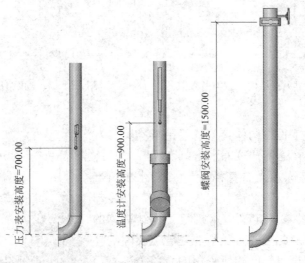

图 5-34 "管道附件安装高度"示意图

5.4 族参数的修改

5.4.1 工程结构体族参数的修改

工程结构体族参数的修改以螺杆式冷水机组工程结构体为例加以说明。

若螺杆式冷水机组工程结构体已载入到项目中，可有以下方法对其族参数进行修改。其族参数的详细说明见第 5.3.1 节。

（1）可通过点击"属性"选项卡中的"编辑类型"，在"类型属性"中直接修改，见图 5-35。

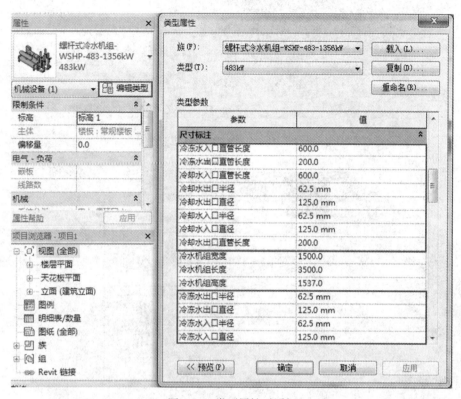

图 5-35　类型属性对话框

（2）在"项目浏览器"→"族"→"机械设备"中，选择要编辑的模块化螺杆式冷水机组，单击鼠标右键，单击快捷菜单中的"编辑"，打开"族编辑器"，见图 5-36。再单击"属性"中的 "族类型"，在"族类型"中对上述参数加以修改。在"族编辑器"中编辑族文件后，可单击"族编辑器"选项卡的"载入到项目中"，选择要载入的项目后，再选择"覆盖现有版本及参数值"，以完成模块化螺杆式冷水机组族参数的修改及族的载入。

（3）若族已放置在绘图区域中，可以单击该族，在被激活的"修改"选项卡中单击"编辑族"按钮，打开"族编辑器"，见图5-37。其余步骤同上。

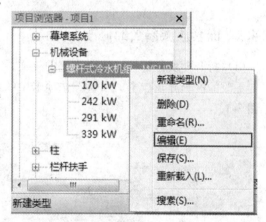

图 5-36　族编辑器的打开

（4）若族已放置在绘图区域中，单击族后再点击鼠标右键，在快捷菜单中单击"编辑族"，打开"族编辑器"，见图 5-38。其余步骤同上。

（5）若族已放置在绘图区域中，可直接双击该族，打开"族编辑器"。其余步骤同上。

也可通过直接打开其族文件（.rfa 格式），进入"族编辑器"界面，再单击"属性"面板中的"族类型"，在"族类型"中加以修改。

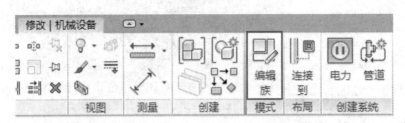

图 5-37　族编辑器的打开

图 5-38　族编辑器的打开

5.4.2　嵌套族族参数的修改

（1）打开模块化螺杆式冷水机组的族文件（.rfa 格式），进入"族编辑器"界面，选择要更改的嵌套族，点击"属性"选项卡中的"编辑类型"，在"类型属性"中直接修改，见图 5-39。

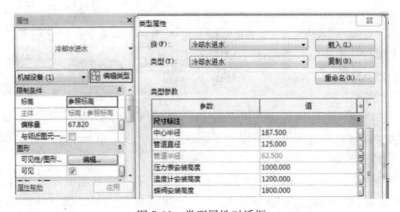

图 5-39　类型属性对话框

（2）打开模块化螺杆式冷水机组的族文件（.rfa 格式），进入"族编辑器"界面，在"项目浏览器"→"族"→"机械设备"中，双击该嵌套族的类型名称，打开"类型属性"对话框，在"类型属性"对话框中直接修改，见图 5-40。

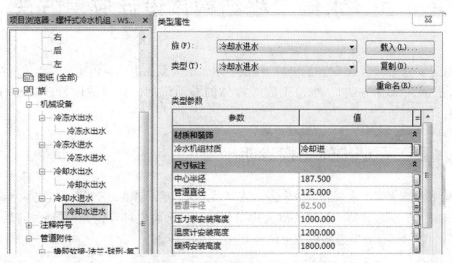

图 5-40　类型属性对话框

（3）也可通过直接打开其族文件（.rfa 格式），进入"族编辑器"界面，再单击"属性"面板中的 "族类型"，在"族类型"中加以修改。在"族编辑器"中编辑族文件后，可单击"族编辑器"选项卡的"载入到项目中"，将其载入至模块化螺杆式冷水机组的"族编辑器"界面，再选择"覆盖现有版本及参数值"，以完成模块化螺杆式冷水机组中嵌套族的族参数的修改。

第6章 水泵工程结构体设计应用方法

本章主要介绍了水泵工程结构体的组成、水泵嵌套族的组成、创建嵌套族的详细过程（其中管道采用放样方法）、水泵工程结构体的参数说明。族参数的修改方法详见第5.4节。

6.1 水泵工程结构体结构说明

水泵工程结构体由水泵族及两个嵌套族（水泵入口管、水泵出口管）组成。水泵入口管包含蝶阀、Y形过滤器、压力表以及进口软连接；水泵出口管包含出口软连接、止回阀、压力表以及蝶阀，其逻辑框图见图6-1。

图6-1 水泵工程结构体结构框图

下文以"变频水泵工程结构体-立式-DN50-DN200.rfa"为例，说明其族类型、创建方法。"变频水泵工程结构体-立式-DN50-DN200.rfa"是指该立式循环泵工程结构体内提供了接管外径范围在50～200mm的"族类型"，建议用户在相应范围内修改接管公称直径，这是由于水泵尺寸大小不会随着接管公称直径的变化而改变，若超出建议的范围，可能出现比例不协调甚至错位的情况。

6.2 水泵工程结构体创建方法

水泵工程结构体嵌套族的创建步骤与冷水机组工程结构体的创建步骤类似，均为：选择族样板→定义原点→设置族类型和基本族参数→创建几何形体→载入管件→添加管道连接件。此处将介绍直接采用"放样"的方法建立管道主体的步骤。下文以水泵入口管为例进行介绍。

（1）设置族参数"入口半径"、"直管段长度"及"中心半径"，"中心半径"＝1.5*"管道半径"，具体设置方法见第5.3节冷水机组工程结构体创建中嵌套族的创建，设置完成的结果见图6-2。

（2）切换至"视图"→"立面"→"右"视图，绘制一条距"中心（左/右）"参照平面距离为"中心半径"的参照平面，并将此参照平面命名为"放样参照1"，再绘制一

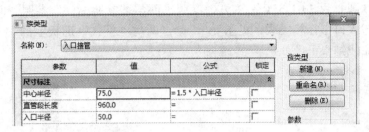

图 6-2 设置"族参数"

条距"参照标高"参照平面距离为"中心半径"的
参照平面，并将此参照平面命名为"放样参照 2"，
单击功能区中"修改"→"测量"→ ╱ "对齐尺寸
标注"按钮。依次选择"放样参照 2"和"参照标
高"参照平面，然后单击标注中的尺寸，在选项栏
的"标签"中选择"中心半径＝1.5* 入口半径＝
75"，进行参数关联，见图 6-3。"放样参照 1"参照
平面的操作与此相同。

注："放样参照 1"、"放样参照 2"参照平面的
"是参照"类型均为"强参照"。

（3）在"前"视图，绘制一个"放样"。单击功
能区中的"创建"→"形状"→"放样"，在"修改 | 放样"选项卡的"放样"面板上单

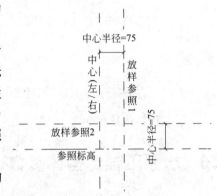

图 6-3 "放样"参照平面绘制示意图

击"绘制路径"按钮，在"绘制"面板
中单击 ╱⁺ "起点-终点-半径弧"按钮，在
"参照标高"与"中心（左/右）"的参
照平面的交点以及参照平面 1、2 的交点
之间绘制一个半径长度为中心半径的弧，
并将该弧的半径的尺寸标注与"中心半
径"相关联，按两次 Esc 键退出当前绘
制，再次单击"绘制面板"中 ╱ "直线"
按钮，从参照平面 1、2 的交点向上绘制
一段直线，并将该直线的长度的尺寸标
注与"直管段长度"相关联，见图 6-4。
单击"模式"面板上的 ✔ 按钮完成放样路
径的绘制。

（4）依次单击"放样"面板上的
"选择轮廓"→"编辑轮廓"，在"转到
视图"对话框中选择"立面：后面"，单
击"打开视图"。单击功能区中"修改 |
放样＞编辑轮廓"选项卡"绘制"面板
上的 ⊙ "圆形"按钮，在绘图区绘制一个

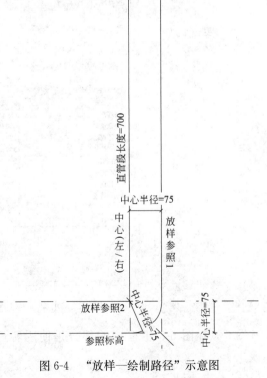

图 6-4 "放样—绘制路径"示意图

115

圆形,该圆形的圆心为"中心(左/右)"参照平面与"参照标高"参照平面的交点,并将此圆的半径与入口半径相关联,见图 6-5。单击两次"模式"面板上的 ✅ 按钮完成放样绘制。其绘制完成结果见图 6-6。

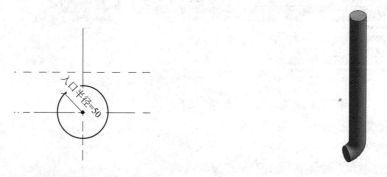

图 6-5 "放样—编辑轮廓"示意图   图 6-6 "放样"结果示意图

水泵工程结构体的创建与螺杆式冷水机组工程结构体的创建类似,此处不再赘述。

6.3 水泵工程结构体参数说明

水泵工程结构体的主要参数如图 6-7 所示,嵌套族的主要族参数如图 6-8 所示。

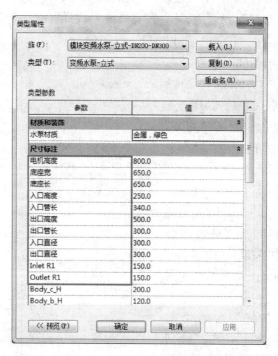

图 6-7 水泵工程结构体族类型参数

图 6-7 和图 6-8 中框选的部分是使用者可以修改的参数,其他参数不建议使用者修改。

图 6-8 水泵嵌套族类型参数

6.3.1 水泵工程结构体参数说明

1. 水泵进、出口管径

定义水泵进、出口管径的族类型参数有："入口半径"、"入口直径"、"出口半径"和"出口直径"，这些参数定义水泵进、出口管道的半径和直径，其定义同冷水机组工程结构体的接管管径，详见第 5.3.1 节。

2. 水泵进、出口横管中心高度

族类型参数中，"入口高度"和"出口高度"定义水泵进、出口横管的中心高度。图6-9 所示为管径为 200mm 时的水泵侧视图（视图-立面-Left）。

3. 水泵进、出口管长

族类型参数中，"入口管长"和"出口管长"定义水泵进出口法兰盘到水泵中轴线的距离，如图 6-10 所示。

6.3.2 嵌套族参数说明

1. 接管管径

定义接管管径的族参数包括："入口半径"、"入口直径"、"出口半径"、"出口直径"，其定义同上，详见第 5.4.1 节。

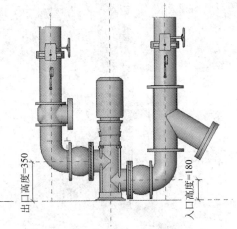

图 6-9 水泵"出、入口高度"示意图

2. 管道长度

定义管道长度的族参数即为水泵出、入口管的"立管长度"，如图 6-11 所示。

3. 管道附件安装高度

定义管道附件安装高度的族参数包括："压力表安装高度"、"蝶阀高度"、"止回阀高度"、"过滤器中心高度"。管道附件安装高度是指管道附件的中心线到参照标高的高度，如图 6-12 所示。

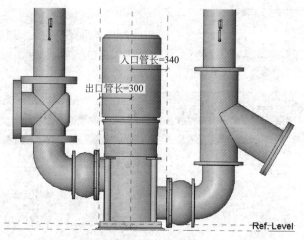

图 6-10 水泵"出、入口管长"示意图

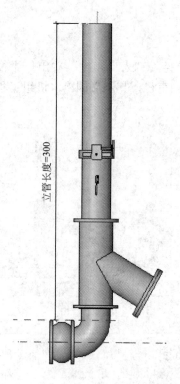

图 6-11 "立管长度"示意图

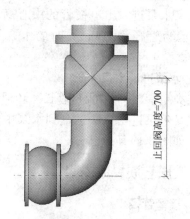

图 6-12 "管道附件安装高度"示意图

第7章 分（集）水器工程结构体设计应用方法

本章主要介绍了分（集）水器工程结构体的组成、旁通管族的组成、创建旁通管的详细过程、分（集）水器工程结构体的参数说明。族参数的修改方法详见第5.4节。

7.1 分（集）水器工程结构体结构说明

分（集）水器工程结构体由分（集）水器族、进出水管组成。其中分（集）水器族包含分（集）水器筒体、温度计、压力表、排污管等；进出水管包含闸阀、平衡阀。图7-1为分（集）水器工程结构体的逻辑框图。旁通管族包含闸阀、电磁阀。

图7-1 分（集）水器工程结构体结构框图

下文以"5-接口分（集）水器工程结构体.rfa"为例，说明其各参数含义。"5-接口分（集）水器工程结构体.rfa"是指该分（集）水器工程结构体的筒体接出5根立管，其中一根无阀门的立管连接旁通管，其余接进出水管，见图7-2。用户可根据空调水系统设计需求确定分（集）水器数量，从而选择相应类型的分（集）水器工程结构体。

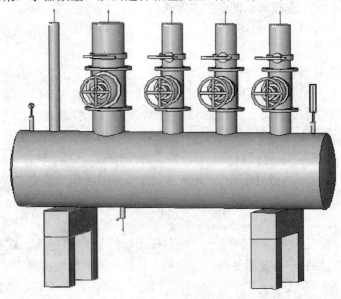

图7-2 5-接口分（集）水器工程结构体

"旁通管族"的作用是连接分水器和集水器，进行旁通调节。其中包含 3 个闸阀、1 个电磁阀。电磁阀两边各接一个闸阀，另外一个闸阀接在旁通管上，见图 7-3。

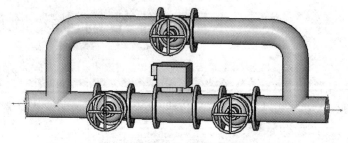

图 7-3　旁通管族

7.2　分（集）水器工程结构体创建方法

1. 分（集）水器工程结构体的创建

分（集）水器工程结构体的创建步骤与冷水机组工程结构体的创建步骤基本类似，不同点在于分（集）水器工程结构体不包含嵌套族，而是直接在分集水器筒体族的基础上进行更改，其创建步骤主要是载入平衡阀、闸阀、温度计和压力表管件，并关联相关参数，其具体创建方法可参见第 5.2 节。

2. 旁通管族的创建

（1）选择族样板

单击 Revit 界面左上角的 ![应用程序菜单] "应用程序菜单" 按钮→"新建"→"族"→选择"公制常规模型 . rft"族样板，同图 5-4。

（2）定义原点

单击绘图区域中的系统默认的两个参照平面，在"属性"对话框的"其他"列表中，保证"定义原点"被勾选，同图 5-5。则这两个参照平面的交点就会作为族的插入点/原点。

（3）设置基本族参数

在"族类型"对话框中，单击右侧"参数"中的"添加"按钮，打开类型属性对话框，添加参数："旁通半径"、"旁通直径"、"横管半径"、"横管直径"、"横管长度"、"旁通位置 1 长度"、"旁通位置 2 长度"、"旁通高度"、"闸阀 1 水平位置"、"闸阀 2 水平位置"、"电磁阀水平位置"。在"横管直径"的公式中输入"＝2 * 横管半径"，在"旁通直径"的公式中输入"＝2 * 旁通半径"。其具体操作步骤同第 5.2 节中"设置族类型和基本族参数"小节。

（4）创建横管

1）切换至"视图"→"立面"→"前"视图，绘制参照平面。在参照平面"中心（左/右）"两侧各绘制一条参照平面，并分别命名为"横管长度边界 1"、"横管长度边界 2"。单击功能区中"修改"→"测量"→ ⨼ "对齐尺寸标注"按钮，依次选择"横管长度边界 1"参照平面、"中心（左/右）"参照平面、"横管长度边界 2"参照平面，选择合适位置放置尺寸标注，并点击标注中的"EQ"，使得"横管长度边界1"参照平面距"中心（左/右）"参照平面的距离与"横管长度边界2"参照平面距"中心（左/右）"参照平面的距离相等，见图7-4。再次单击功能区中"修改"→"测量"→⁄"对齐尺寸标注"按钮，依次选择"横管长度边界1"参照平面、"横管长度边界2"参照平面，然后单击标注中的尺寸，在选项栏的"标签"中选择"横管长度"，进行参数关联，见图7-5。

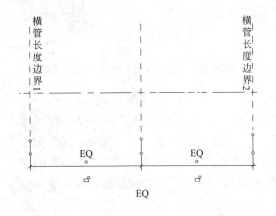 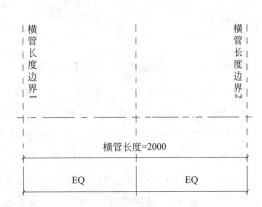

图7-4 "拉伸"参照平面绘制示意图　　　　图7-5 "横管长度"参数关联示意图

2）切换至"视图"→"立面"→"右"视图，创建几何形体。横管的几何形体仍采用拉伸命令创建，其创建步骤同第5.2节"1-(4)-1）"小节，其"临时尺寸标注"变为"永久尺寸标注"后，与"横管半径"这一参数相关联。

3）切换至"视图"→"立面"→"前"视图，拖拽"拉伸：造型操纵柄"，将"拉伸"创建的圆柱体两端分别拖拽至"横管长度边界1"参照平面和"横管长度边界2"参照平面，并将其余参照平面锁定，完成横管的创建，见图7-6。其完成结果见图7-7。

图7-6 横管平面图　　　　　　　　　　图7-7 横管三维图

（5）创建旁通管

1）切换至"视图"→"立面"→"前"视图，绘制参照平面。在参照平面"参照标高"上方绘制一条参照平面，并将此参照平面命名为"旁通管高度参照"。单击功能区中"修改"→"测量"→⁄"对齐尺寸标注"按钮，依次选择"旁通管高度参照"参照平面、"参照标高"参照平面，然后单击标注中的尺寸，在选项栏的"标签"中选择"旁通高度"，进行参数关联，见图7-8。然后在参照平面"中心（左/右）"两侧各绘制一条参照平面，并分别命名为"旁通管长度边界1"、"旁通管长度边界2"。之后的操作步骤同横管参照平面的创建，其完成效果见图7-9。

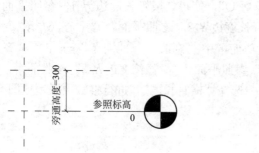

图 7-8 "旁通高度"参数关联示意图   图 7-9 "旁通长度"参数关联示意图

2）在"前"视图，绘制放样的参照平面。在"旁通管长度边界 1"参照平面与"中心（左/右）"参照平面之间绘制一条参照平面，命名为"放样参照 1"，并使其距"旁通管长度边界 1"参照平面的距离与"旁通直径＝2＊旁通半径"相关联。同理，在"旁通管长度边界 2"参照平面与"中心（左/右）"参照平面之间绘制名为"放样参照 2"的参照平面，在"旁通管高度参照"参照平面与"参照标高"参照平面之间绘制名为"放样参照 3"的参照平面，其绘制结果见图 7-10。

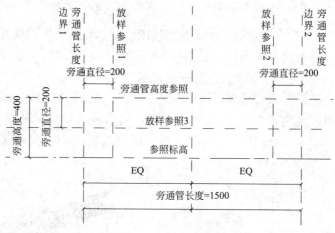

图 7-10 "放样"参照平面绘制示意图

3）在"前"视图，单击功能区中"创建"→"放样"，单击"放样"面板上的"绘制路径"按钮。在"绘制"面板中单击 "直线"按钮，在"参照标高"与"旁通管长度边界 1"的交点以及"旁通管长度边界 1"与"放样参照 3"的交点之间绘制一段直线，再单击"绘制"面板中的 "起点-终点-半径弧"按钮，在"旁通管长度边界 1"与"放样参照 3"的交点以及"放样参照 1"与"旁通高度"的交点间绘制一个半径长度为旁通直径的弧，同理，完成旁通管放样路径的绘制，放样路径的绘制结果见图 7-11。

4）依次单击"放样"面板上的"选择轮廓"→"编辑轮廓"，在"转到视图"对话框中选择"楼层平面：参照标高"，单击"打开视图"。单击功能区中"修改｜放样＞编辑轮廓"选项卡"绘制"面板上的 "圆形"按钮，在绘图区绘制一个圆形，该圆形的圆心为"旁通管长度边界 1"参照平面与参照标高的交点，并将此圆的半径与旁通半径相关联。单击两次"模式"面板上的 按钮完成放样绘制。其放样绘制完成的结果见图 7-12。

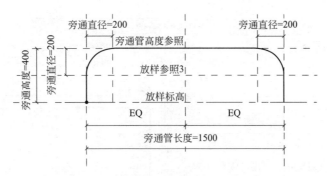

图 7-11　"放样—绘制路径"示意图

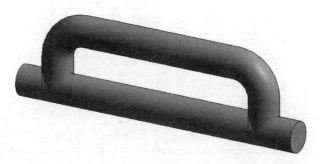

图 7-12　"放样"结果示意图

（6）载入管件

载入管件的操作步骤与第 5.2 节"1-（5）"小节类似，读者可自行学习。在"前"视图下，其最终结果如图 7-13 所示。

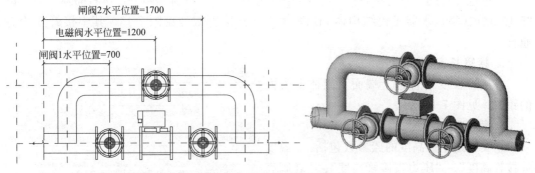

图 7-13　旁通管创建完成图

7.3　分（集）水器工程结构体参数说明

分（集）水器工程结构体的主要参数如图 7-14 所示。主要参数包括筒径、进出水管管径及长度、旁通管管径、压力表和温度计接管管径及接管高度以及各阀门的安装高度。

旁通横管的主要参数如图 7-15 所示，主要包括管长、管径及阀门水平位置等参数。

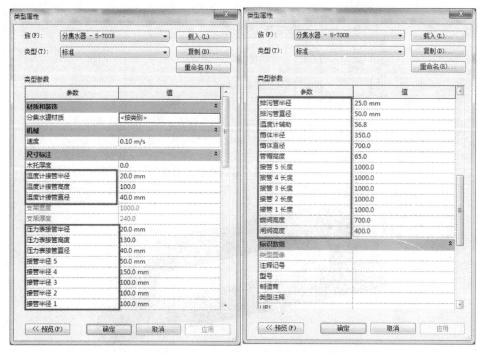

图 7-14 分（集）水器工程结构体族类型参数

7.3.1 分（集）水器工程结构体参数说明

1. 接管序号说明

靠近温度计的接管为接管 1，其他接管序号在"后"里面视图下，从右向左排列。以"5-接口分（集）水器工程结构体 .rfa"为例，其接管编号见图 7-16，其中接管 5 为旁通管。

2. 接管长度

各接管长度为管道上端面至筒体上表面的距离，见图 7-17。

3. 管道附件高度

定义管道附件高度的族参数包括："温度计接管高度"、"压力表接管高度"、"蝶阀高度"以及"闸阀高度"，附件高度指的是各部件至筒体上表面的高度，见图 7-18。

注：将该工程结构体载入至项目后，各阀门的实际安装高度＝各阀门高度＋筒体直径＋支架高度。

4. 接管半径、直径

各接管半径的定义与冷水机组工程结构体的管径定义相同，详见第 5.3.1 节。

图 7-15 旁通管族类型参数

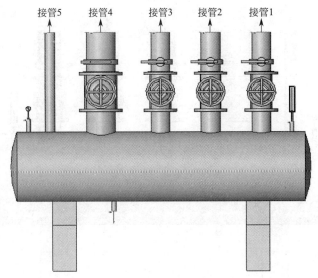

图 7-16　分（集）水器接管序号说明

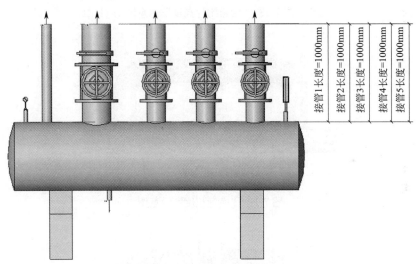

图 7-17　"接管长度"示意图

7.3.2　旁通横管参数说明

1. 横管长度

横管长度是指旁通横管族中水平横管两端面之间的距离，见图 7-19。

2. 旁通管长度

旁通管长度是指旁通横管族中旁通管的两竖直管道的管道中心距，见图 7-20。

3. 阀门水平位置

闸阀 1 水平位置、闸阀 2 水平位置以及电磁阀水平位置均为在"前"立面视图下，各阀门中心线距旁通管左侧竖直管道中心线的距离，见图 7-21。

注：闸阀 1 为在"前"立面视图下，横管上靠左侧的闸阀。

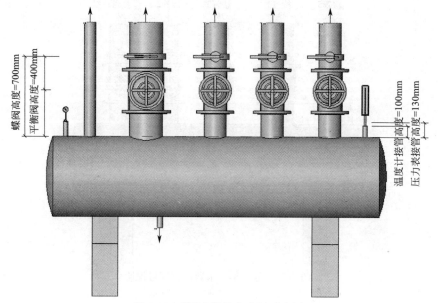

图 7-18 "管道附件高度" 示意图

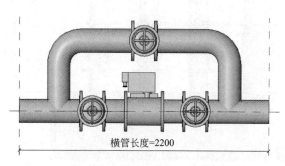

图 7-19 "横管长度" 示意图

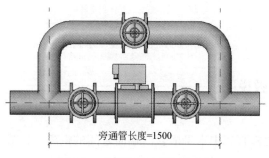

图 7-20 "旁通管长度" 示意图

4. 旁通高度

旁通高度是指旁通横管中旁通管与横管的管道中心距，见图 7-22。

5. 管道半径、直径

横管半径、旁通半径、横管半径、旁通直径的定义与冷水机组管径的定义相同，详见第 5.3.1 节。

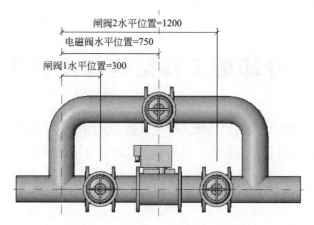

图 7-21 "阀门水平位置"示意图

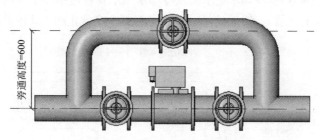

图 7-22 "旁通高度"示意图

第8章　冷却塔工程结构体设计应用方法

本章主要介绍了冷却塔工程结构体的组成、嵌套族的组成、创建冷却塔补水管的详细过程、冷却塔工程结构体的参数说明。族参数的修改方法详见第5.4节。

8.1　冷却塔工程结构体结构说明

冷却塔工程结构体包括冷却塔族、四个自绘嵌套族（冷却水进水管、冷却水出水管、冷却塔补水管、冷却塔泄水管），冷却水进水管及冷却水出水管各包括一个蝶阀，冷却塔补水管包括自动补水管及手动补水管，各补水管及泄水管均包括一个截止阀，其逻辑框图如图8-1所示。

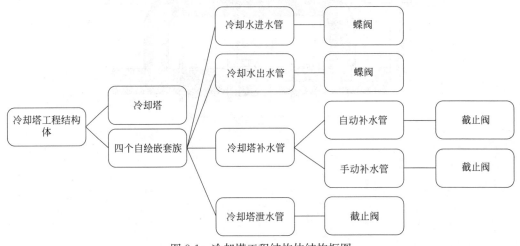

图8-1　冷却塔工程结构体结构框图

下文以"逆流冷却塔工程结构体-方形-低音-100-1050 CMH"为例，说明其族类型、创建方法及各参数含义。"逆流冷却塔工程结构体-方形-低音-100-1050 CMH"是指该逆流冷却塔工程结构体族内提供了冷却水出口流量在 $100 \sim 1050$ m³/h 的几种"族类型"。用户可直接根据需求选择冷却塔工程结构体，并调用该族的不同"族类型"，有关"族类型"的介绍见第3.3节。其他冷却塔工程结构体的含义与上述相同。

8.2　冷却塔工程结构体创建方法

1. 嵌套族的创建

冷却塔工程结构体的嵌套族中，冷却水进水管、冷却水出水管以及冷却塔泄水管的创建方法与冷水机组工程结构体中嵌套族的创建方法基本相同，在此不再赘述，详见第5.3节，此处仅介绍冷却塔补水管的创建方法。

（1）选择族样板

单击 Revit 界面左上角的 "应用程序菜单" 按钮→ "新建" → "族" →选择 "公制常规模型.rft" 族样板，同图 5-4。

（2）定义原点

单击绘图区域中的系统默认的两个参照平面，在 "属性" 对话框的 "其他" 列表中，保证 "定义原点" 被勾选，同图 5-5。则这两个参照平面的交点就会作为族的插入点/原点。

（3）设置基本族参数

在 "族类型" 对话框中，单击右侧 "参数" 中的 "添加" 按钮，打开类型属性对话框，添加参数： "补水管半径"、 "补水管直径"、 "手动补水管长度"、 "自动补水管长度"、 "补水管间距"、 "截止阀1水平位置"、 "截止阀2水平位置"、 "截止阀3水平位置"。在 "补水管直径" 的公式中输入 "＝2＊补水管半径"，其具体操作步骤同第5.2节 "1.-（3）" 小节。

（4）创建手动补水管

1）切换至 "视图" → "楼层平面" → "参照标高" 视图，绘制参照平面。在参照平面 "中心（左/右）" 右侧绘制一条参照平面，并命名为 "补水管长度边界"。单击功能区中 "修改" → "测量" → "对齐尺寸标注" 按钮，依次选择 "中心（左/右）" 参照平面、 "补水管长度边界" 参照平面，然后单击标注中的尺寸，在选项栏的 "标签" 中选择 "手动补水管长度"，进行参数关联，见图 8-2。

图 8-2 "手动补水管长度" 参数关联示意图

2）切换至 "视图" → "立面" → "右" 视图，创建几何形体。横管的几何形体仍采用拉伸命令创建，其创建步骤同第5.3节 "1.-（4）-1）" 小节，其 "临时尺寸标注" 变为 "永久尺寸标注" 后，与 "补水管半径" 这一参数相关联。

3）切换至 "视图" → "楼层平面" → "参照标高" 视图，拖拽 "拉伸：造型操纵柄"，将 "拉伸" 创建的圆柱体两端分别拖拽至 "中心（左/右）" 参照平面和 "补水管长度边界" 参照平面，并将其与参照平面锁定，完成横管的创建，见图 8-3。其完成结果见图 8-4。

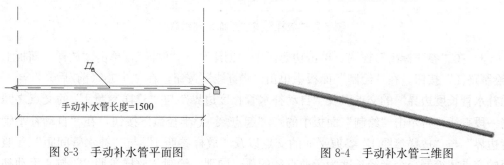

图 8-3 手动补水管平面图   图 8-4 手动补水管三维图

（5）创建自动补水管

1）切换至"视图"→"楼层平面"→"前"视图，绘制参照平面。在参照平面"中心（前/后）"上方绘制一条参照平面，并将此参照平面命名为"补水管间距"。单击功能区中"修改"→"测量"→ ⟍ "对齐尺寸标注"按钮，依次选择"中心（前/后）"参照平面、"补水管间距参照"参照平面，然后单击标注中的尺寸，在选项栏的"标签"中选择"补水管间距"，进行参数关联，见图 8-5。然后在"中心（左/右）"参照平面与"补水管长度边界"参照平面之间绘制一条参照平面，并命名为"自动补水管长度边界"，并将"自动补水管长度边界"参照平面与"补水管长度边界"参照平面之间的距离与参数"自动补水管长度"关联，其完成效果见图 8-6。

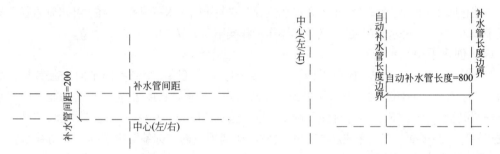

图 8-5 "补水管间距"参照平面绘制示意图   图 8-6 "自动补水管长度"参照平面绘制示意图

2）在"参照标高"视图，绘制放样的参照平面。在"补水管间距参照"参照平面与"中心（前/后）"参照平面之间绘制一条参照平面，命名为"放样参照 1"，并使其距"补水管间距"参照平面的距离与"补水管直径＝2＊补水管半径"相关联。同理，在"自动补水管长度边界"参照平面与"补水管长度边界"参照平面之间绘制名为"放样参照2"的参照平面，其绘制结果见图 8-7。

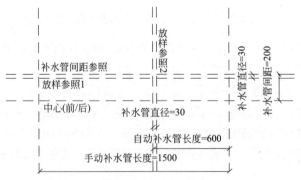

图 8-7 "放样"参照平面绘制示意图

3）在"参照标高"视图，单击功能区中"创建"→"放样"，单击"放样"面板上的"绘制路径"按钮。在"绘制"面板中单击 ⟍ "直线"按钮，在"中心（前/后）"与"自动补水管长度边界"的交点以及"自动补水管长度边界"与"放样参照 1"的交点之间绘制一段直线，再单击"绘制"面板中的 ⟍ "起点-终点-半径弧"按钮，在"自动补水管长度边界"与"放样参照 1"参照平面的交点以及"放样参照 1"与"补水管间距"参照平面的交点间绘制一个半径长度为旁通直径的弧。同理，绘制"放样参照 2"与"手动补水管长度边界"参照平面之间的直线，放样路径的绘制结果见图8-8。

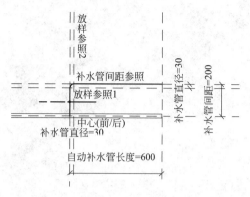

图 8-8 "放样—绘制路径"示意图

4）依次单击"放样"面板上的"选择轮廓"→"编辑轮廓"，在"转到视图"对话框中选择"立面：前"，单击"打开视图"。单击功能区中"修改｜放样＞编辑轮廓"选项卡"绘制"面板上的"圆形"按钮，在绘图区绘制一个圆形，该圆形的圆心为"自动补水管长度边界"参照平面与"参照标高"的交点，并将此圆的半径与补水管半径相关联。单击两次"模式"面板上的 ✓ 按钮完成放样绘制。其放样绘制完成的结果见图8-9。

图 8-9 "放样"结果示意图

（6）载入管件

载入管件的操作步骤与第5.3节"1.-（5）"小节类似，读者可自行学习。在"前"视图下，其最终结果如图8-10、图8-11所示。

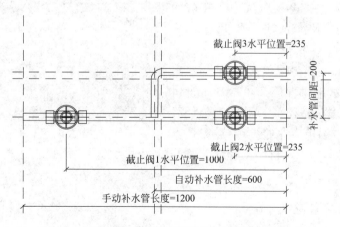

图 8-10 补水管创建完成平面图

2. 冷却塔工程结构体的创建

冷却塔工程结构体的创建步骤与冷水机组工程结构体的创建步骤基本类似，均为：打开基本族文件→设置基本族参数→载入并放置嵌套族→添加管道连接件，在此不再赘述，详见第5.2节。

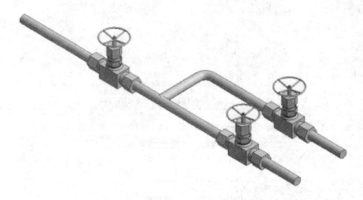

图 8-11 补水管创建完成三维图

8.3 冷却塔工程结构体参数说明

冷却塔工程结构体主要参数如图 8-12 所示，其嵌套族的主要族参数如图 8-13 所示。

8.3.1 冷却塔工程结构体参数说明

1. 机械参数

机械参数包括：冷却水进口流量、冷却水出口流量、冷却水循环量、冷却水进口压力以及噪声，此部分参数均可根据实际冷却塔的参数进行填写。

2. 冷却塔长度、宽度、高度

冷却塔的长度、高度和宽度为冷却塔的实际大小，笔者不建议修改这三项参数。

3. 管道管径

定义管道管径的族参数包括："冷却水出口半径"、"冷却水出口直径"、"冷却水进口半径"、"冷却水进口直径"、"补水管半径"、"补水管直径"、"溢流管半径"、"溢流管直径"。各管径的定义同冷水机组工程结构体的接管管径，详见第 5.3.1 节。

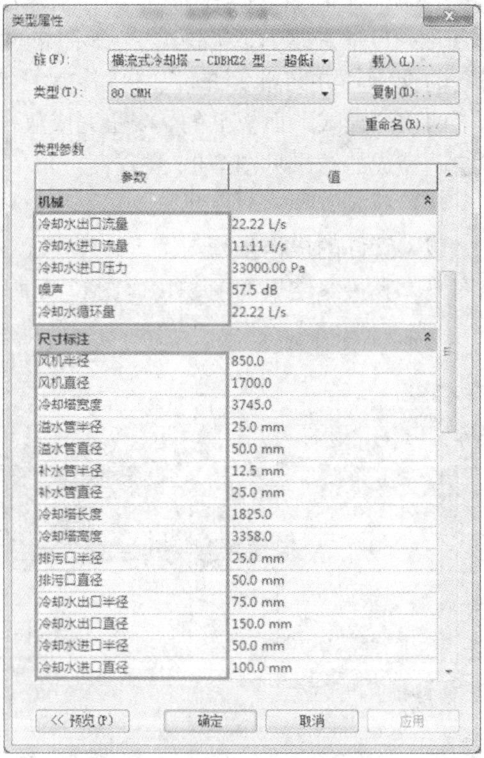

8.3.2 嵌套族参数说明

冷却塔工程结构体的嵌套族包括：冷却水供水管、冷却水回水管、冷却塔补水管、溢水管。各嵌套族的族参数如下：

1. 管道管径

定义管道管径的族参数包括管道半径和管道直径，其定义同第 5.3.1 节所述。

图 8-12 冷却塔工程结构体族类型参数

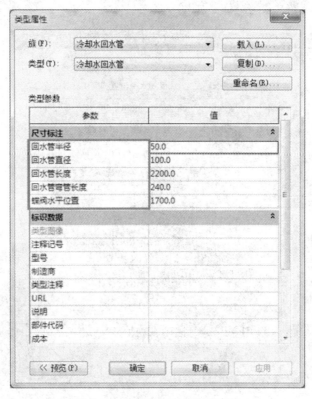

图 8-13　冷却塔嵌套族类型参数

2. 管道长度

管道长度即为该种类型管道的两端面之间的距离，定义管道长度的族参数包括："回水管长度"、"回水管弯管长度"、"供水管长度"、"溢流管长度"、"自动补水管长度"、"手动补水管长度"。以回水管为例说明，其在"前"立面视图下的效果如图 8-14 所示。

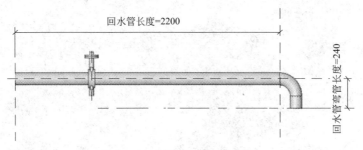

图 8-14　"管道长度"示意图

3. 阀门位置

定义阀门位置的族参数包括："蝶阀水平位置"和"截止阀水平位置"。阀门位置在族文件中是指在"前"立面视图下，阀门距管道右端面的距离。载入至项目后，是指阀门距管道与冷却塔相接的端面的距离。以回水管为例说明，详见图 8-15、图 8-16。

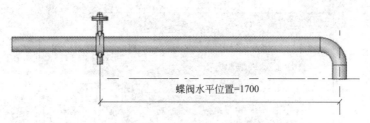

图 8-15 "阀门位置"示意图

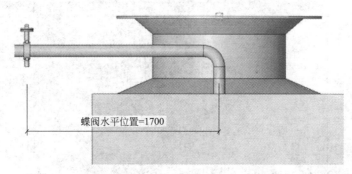

图 8-16 项目中"阀门位置"示意图

第9章　新风机组工程结构体设计应用方法

本章主要介绍了新风机组工程结构体的组成、嵌套族的组成、创建新风机组静压箱的详细过程、新风机组工程结构体的参数说明。族参数的修改方法详见第5.4节。

9.1　新风机组工程结构体结构说明

新风机组工程结构体由新风机组族、六个自绘嵌套族（冷冻水进水、冷冻水出水、热水进水、热水出水、冷凝水管、静压箱）组成。冷冻水进水及热水进水嵌套族包括Y形过滤器、电磁阀、温度计、压力表、闸阀及弹性软接。冷冻水出水及热水出水嵌套族包括温度计、压力表、闸阀及弹性软接。其逻辑框图见图9-1。

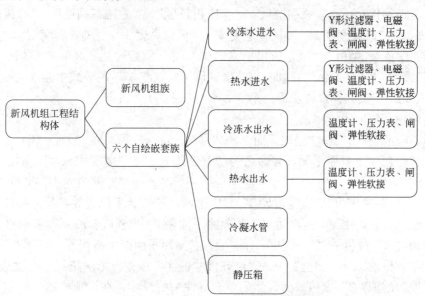

图 9-1　新风机组工程结构体结构框图

下文以"新风机组工程结构体-吊装式-1000-3000 CMH"为例，说明其族类型、创建方法及各参数含义。"新风机组工程结构体-吊装式-1000-3000 CMH"是指该新风机组工程结构体族内提供了送风量范围在1000～3000m³/h的几种"族类型"，见图9-2。用户可直接根据送风量选择新风机组工程结构体族，并调用该族的不同"族类型"。其他新风机组工程结构体的含义与上述相同。

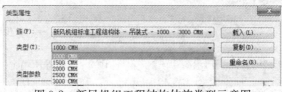

图 9-2　新风机组工程结构体族类型示意图

9.2 新风机组工程结构体创建方法

1. 嵌套族的创建

新风机组工程结构体的嵌套族中，冷冻水进水管、热水进水管、冷冻水出水管、热水出水管的创建方法与冷水机组工程结构体中嵌套族以及水泵工程结构体中嵌套族的创建方法基本相同，在此不再赘述，详见第 5.2 节、第 6.2 节，此处仅介绍新风机组静压箱的创建方法。

（1）选择族样板

单击 Revit 界面左上角的 "应用程序菜单" 按钮→ "新建" → "族" →选择 "公制常规模型 . rft" 族样板，同图 5-4。

（2）定义原点

单击绘图区域中的系统默认的两个参照平面，在 "属性" 对话框的 "其他" 列表中，保证 "定义原点" 被勾选，同图 5-5。则这两个参照平面的交点就会作为族的插入点/原点。

（3）设置基本族参数：在 "族类型" 对话框中，单击右侧 "参数" 中的 "添加" 按钮，打开类型属性对话框，添加参数： "静压箱长度"、 "静压箱高度"、 "静压箱宽度"、 "风管宽度 1"、 "风管宽度 2"、 "风管宽度 3"、 "风管高度 1"、 "风管高度 2"、 "风管高度 3"、 "（定位用）高度 01"、 "（定位用）宽度 03"。在 "（定位用）高度 01" 的公式中输入 "＝静压箱高度/ 2＋50 mm"。同理，在 "（定位用）宽度 03" 的公式中输入 "＝静压箱宽度/ 2＋50 mm"。其具体操作步骤同第 5.2 节 "1.-（3）" 小节。

（4）创建几何形体

1）切换至 "视图" → "楼层平面" → "参照标高" 视图，在 "中心（前/后）" 参照平面两侧各绘制一个参照平面，并命名为 "宽度边界 1"、 "宽度边界 2"，单击功能区中 "修改" → "测量" → "对齐尺寸标注" 按钮，依次选择 "宽度边界 1" 参照平面、 "中心（前/后）" 参照平面、 "宽度边界 2" 参照平面，选择合适位置放置尺寸标注，并点击标注下方的 "EQ"，使得 "宽度边界 1" 参照平面距 "中心（前/后）" 参照平面的距离与 "宽度边界 2" 参照平面距 "中心（前/后）" 参照平面的距离相等，见图 9-3。再次单击功能区中 "修改" → "测量" → "对齐尺寸标注" 按钮，依次选择 "宽度边界 1" 参照平面、 "宽度边界 2" 参照平面，然后单击标注中的尺寸，在选项栏的 "标签" 中选择 "静压箱宽度"，进行参数关联，见图 9-4。

图 9-3 "拉伸" 参照平面绘制示意图 　　　图 9-4 "静压箱宽度" 参数关联示意图

2）在 "参照标高" 视图，在 "中心（左/右）" 参照平面两侧各绘制一个参照平面，并命名为"长度边界1"、"长度边界2"，其余操作同上，将"长度边界1"和"长度边界2"参照平面之间的距离与静压箱长度相关联。

3）在"参照标高"视图，单击功能区中的"创建"→"形状"→"拉伸"，在"修改｜创建拉伸"选项卡的"绘制"面板上单击□"矩形"按钮，绘制一个矩形，其四条边的位置由"宽度边界1"、"宽度边界2"、"长度边界1"、"长度边界2"4个参照平面围成的矩形确定，见图9-5。点击图中，实现拉伸图形与参照平面的锁定。

图9-5 静压箱长度、宽度锁定

4）切换至"视图"→"立面"→"前"视图，在"参照标高"参照平面两侧各绘制一个参照平面，分别命名为"高度边界1"、"高度边界2"。并将图中的矩形（即上述"拉伸"步骤创建的长方体的前视图）的上下两条边分别与"高度边界1"、"高度边界2"参照平面对齐并锁定，其结果见图9-6。

5）切换至"视图"→"楼层平面"→"参照标高"视图，单击功能区中的"创建"→"形状"→"拉伸"，在"修改｜创建拉伸"选项卡的"绘制"面板上单击□"矩形"按钮，绘制一个矩形，单击功能区中"修改"→"测量"→"对齐尺寸标注"按钮，依次选择该矩形的左边、"中心（左/右）"参照平面、矩形的右边，选择合适位置放置尺寸标注，并点击标注下方的"EQ"，使得"该矩形相对"中心（左/右）"参照平面成轴对称。再次单击功能区中"修改"→"测量"→"对齐尺寸标注"按钮，依次选择该矩形的左右两边，然后单击标注中的尺寸，在选项栏的"标签"中选择"风管宽度1"，进行参数关联。同理，使得该矩形关于"中心（前/后）"参照平面对称，且上下两边的距离与"风管高度1"进行关联，完成结果见图9-7。

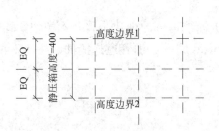

图9-6 静压箱高度锁定

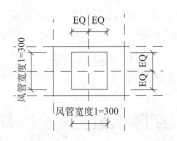

图9-7 风管1宽度、高度锁定

6）切换至"视图"→"立面"→"前"视图，拖拽"拉伸：造型操纵柄"，将第

5）步所创建的矩形的上方一条边与"高度边界2"参照平面对齐锁定。单击功能区中"修改"→"测量"→⟋"对齐尺寸标注"按钮，依次选择第5）步所创建的图形下方一条边和"参照标高"参照平面，然后单击标注中的尺寸，在选项栏的"标签"中选择"（定位用）高度01"，完成尺寸参数的关联，见图9-8。

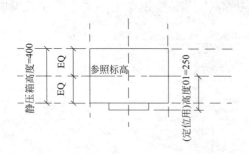

图 9-8　风管 1 定位

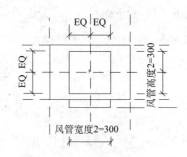

图 9-9　风管 2 宽度、高度锁定

7）在"视图"→"立面"→"前"视图进行第5）步操作，实现"风管高度2"、"风管宽度2"参数关联，见图9-9，切换至"视图"→"楼层平面"→"参照标高"视图，进行第6）步中操作。

8）在"视图"→"立面"→"后"视图进行第5）步操作，实现"风管高度3＝300""风管宽度3"参数关联，见图9-10，切换至"视图"→"楼层平面"→"参照标高"视图，进行第6）步操作。至此完成静压箱的创建，其最终结果如图9-11所示。

图 9-10　风管 3 宽度、高度定位

图 9-11　静压箱完成图

2. 新风机组工程结构体的创建

新风机组工程结构体的创建步骤与冷水机组工程结构体的创建步骤基本类似，均为：打开基本族文件→设置基本族参数→载入并放置嵌套族→添加管道连接件，在此不再赘述，详见第5.2节。

9.3　新风机组工程结构体参数说明

为方便使用者使用，将所有嵌套族的参数均关联入新风机组工程结构体中，因此，新风机组工程结构体及其嵌套族的主要族参数如图9-12所示。

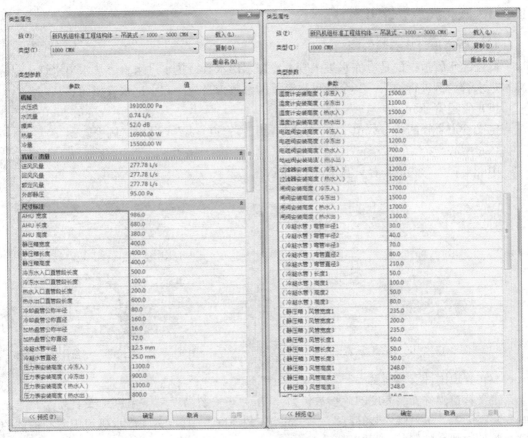

图 9-12　新风机组工程结构体族类型参数

9.3.1　新风机组工程结构体参数说明

1. 机械参数

新风机组工程结构体的机械参数包括：水压损、水流量、噪声、热量以及冷量。此部分参数均可根据实际情况进行填写。

2. 机械—流量参数

机械—流量参数包括送风风量、额定风量、外部静压。此部分参数均可根据实际情况进行填写。

3. 管道管径

定义管道管径的族参数包括："加热盘管公称半径"、"加热盘管公称直径"、"冷却盘管公称半径"、"冷却盘管公称直径"、"冷凝盘管公称半径"、"冷凝盘管公称直径"。各管径定义与冷水机组工程结构体的管径定义相同，详见第5.4.1节。

4. 新风机组尺寸

定义新风机组尺寸的族参数包括："AHU 宽度"、"AHU 长度"、"AHU 高度"。此部分参数可在一定范围内进行调整，建议读者在小范围内调整该参数，以免发生管道错位的情况。

9.3.2 嵌套族参数说明

1. 水管道嵌套族参数说明

此处的水管道指的是冷冻水进水管、冷冻水出水管、热水进水管、热水出水管。以冷冻水进水管为例进行说明，其余管道嵌套族的参数含义与冷冻水进水管相同。

（1）管道管径

定义管道管径的族参数包括："管道半径"、"管道直径"。其定义同上。

（2）中心半径

中心半径为弯头的半径，见图 9-13 所示。

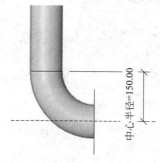

图 9-13 "中心半径"示意图

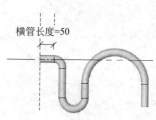

图 9-14 "横管长度"示意图

（3）管道附件安装高度

定义管道附件安装高度的族参数包括："压力表安装高度"、"温度计安装高度"、"闸阀安装高度"、"电磁阀安装高度"、"过滤器安装高度"。其定义同冷水机组工程结构体的管道附件安装高度。

2. 冷凝水管嵌套族参数说明

（1）长度

定义长度的族参数为"横管长度"，其表示冷凝水管入口的横管的长度，如图 9-14 所示。

（2）弯管管径

定义弯管管径的族参数包括："弯管 1 半径"、"弯管 2 半径"、"弯管 3 半径"、"弯管 2 直径"、"弯管 3 直径"。弯管 1、弯管 2、弯管 3 是指在"前"立面视图下，从左到右，依次将各弯管命名为弯管 1、弯管 2、弯管 3。其半径和直径表示此段弯管所在圆的半径或直径，如图 9-15 所示。

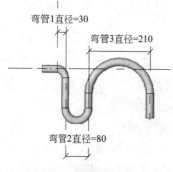

图 9-15 "弯管管径"示意图

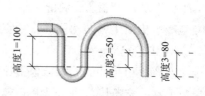

图 9-16 "高度"示意图

（3）高度

定义高度的族参数包括："高度 1"、"高度 2"、"高度 3"。其命名顺序同弯管，各高度指的是各部分直管段的高度，如图 9-16 所示。

3. 静压箱参数说明

（1）静压箱尺寸

定义静压箱尺寸的参数包括："静压箱长度"、"静压箱宽度"、"静压箱高度"。其定义即为静压箱的实际尺寸。

（2）风管尺寸

定义风管尺寸的参数包括："风管宽度 1"、"风管宽度 2"、"风管宽度 3"、"风管高度 1"、"风管高度 2""风管高度 3"。其定义了所连接风管的尺寸，命名顺序无固定格式，根据所连接新风机组的实际情况确定。

第 10 章　空气处理机组工程结构体与风机盘管工程结构体设计应用方法

10.1　空气处理机组工程结构体结构说明

空气处理机组工程结构体由组合式空调机组族、六个自绘嵌套族（冷却水进水、冷却水出水、热水进水、热水出水、冷凝水管、送/回静压箱）组成。冷冻水进水及热水进水嵌套族包括 Y 形过滤器、电磁阀、温度计、压力表、闸阀及弹性软接。冷冻水出水及热水出水嵌套族包括温度计、压力表、闸阀及弹性软接。其逻辑框图见图 10-1。

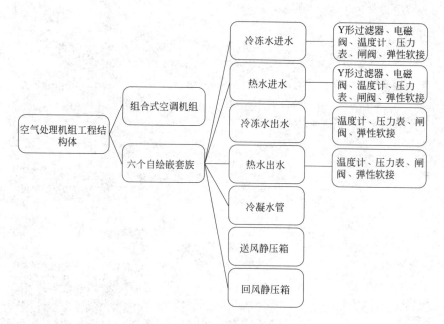

图 10-1　空气处理机组工程结构体结构框图

空气处理机组工程结构体的创建方法以及族参数的定义同新风机组工程结构体相似，在此不再赘述。读者可参见第 9.2 节、第 9.3 节的相关内容。

10.2　风机盘管工程结构体结构说明

风机盘管工程结构体由风机盘管族及三个自绘嵌套族（回水管段族、供水管段族、凝水管段族）组成。回水管段嵌套族包括 Y 形过滤器、电磁阀、排气阀及截止阀。供水管段嵌套族包括 Y 形过滤器和截止阀。其逻辑框图见图 10-2。

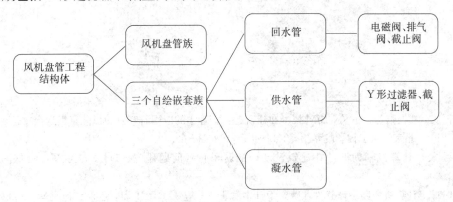

图 10-2 风机盘管工程结构体结构框图

风机盘管工程结构体的创建方法以及族参数的定义与冷水机组工程结构体和冷却塔工程结构体相似,在此不再赘述,请读者结合第 5.2 节、第 5.3 节、第 7.2 节、第 7.3 节内容理解。

参 考 文 献

[1] 纪博雅，戚振强与金占勇，BIM 技术在建筑运营管理中的应用研究——以北京奥运会奥运村项目为例［J］. 北京建筑工程学院学报，2014（01）：68-72＋82.

[2] 岳德义．计算机辅助设计在建筑设计中的若干技术问题研究［D］. 哈尔滨：哈尔滨工程大学，2007.

[3] 彭时矿．计算机辅助设计软件在建筑设计中的研究与应［D］. 上海：上海交通大学，2009.

[4] 卢琬玫．BIM 技术及其在建筑设计中的应用研究［D］. 天津：天津大学，2014.

[5] 王秩群主编．BIM 技术应用基础［M］. 北京：中国建筑工业出版社，2015.

[6] 李恒，孔娟主编．Revit 2015 中文版基础教程［M］. 北京：清华大学出版社，2015.

[7] BIM 工程技术人员专业技能培训用书编委会主编．BIM 建模应用技术［M］. 北京：中国建筑工业出版社，2016.

[8] 廖小烽，王君峰主编．建筑设计·火星课堂［M］. 北京．人民邮电出版社，2013.

[9] 中国建筑科学研究院，建研科技股份有限公司主编．跟高手学 BIM——Revit 建模与工程应用［M］. 北京：中国建筑工业出版社，2016.

[10] 欧特克软件（中国）有限公司构件开发组主编．Revit MEP 2012 应用宝典［M］. 上海：同济大学出版社，2012.

[11] 柏慕进业主编．AutodeskRevitMEP 2014 管线综合设计应用［M］. 北京：电子工业出版社，2014.

[12] 美国 Autodesk 公司主编．Autodesk Revit Architecture 2012 官方标准教程［M］. 北京：电子工业出版社，2012.

[13] 欧特克软件（中国）有限公司构件开发组主编．Revit2013 族达人速成［M］. 上海：同济大学出版社，2013.

[14] 陆耀庆主编．实用供热空调设计手册（第二版）［M］. 北京：中国建筑工业出版社，2008.

[15] 陆亚俊，马最良，邹平华编著．暖通空调（第二版）［M］. 北京：中国建筑工业出版社，2007.

[16] 陆亚俊，马最良，姚杨编．空调工程中的制冷技术［M］. 哈尔滨：哈尔滨工程大学出版社，2001.

[17] 杨世铭，陶文铨编著．传热学（第四版）［M］. 北京：高等教育出版社，2006.

[18] 北京市设备安装工程公司，中国建筑标准设计研究院．分（集）水器、分汽缸（05K232）［S］. 北京：中国建筑标准设计研究院．

[19] 天津市建筑设计院．建筑空调循环冷却水系统设计与安装（07K203）［S］. 北京：中国建筑标准设计研究院．

[20] 中南建筑设计院股份有限公司，中建三局第一建设工程有限责任公司．水泵安装（16K702）［S］. 北京：中国建筑标准设计研究院．